本书由江苏大学专著出版基金、国家社科基金重大
中央高校基本科研业务费项目(KYZ20116／) 资助

土地利用变化
碳排放效应
研究

卢 娜 著

THE RESEARCH
ON CARBON EMISSION EFFECTS
OF LAND USE CHANGE

江苏大学出版社
JIANGSU UNIVERSITY PRESS
镇 江

图书在版编目(CIP)数据

土地利用变化碳排放效应研究/卢娜著. —镇江：
江苏大学出版社,2015.1
ISBN 978-7-81130-865-5

Ⅰ.①土… Ⅱ.①卢… Ⅲ.①土地利用一影响一碳循
环一研究一中国 Ⅳ.①F321.1②X511

中国版本图书馆 CIP 数据核字(2015)第 242531 号

土地利用变化碳排放效应研究
Tudi Liyong Bianhua Tanpaifang Xiaoying Yanjiu

著　者/卢　娜
责任编辑/柳　艳
出版发行/江苏大学出版社
地　　址/江苏省镇江市梦溪园巷 30 号(邮编：212003)
电　　话/0511-84446464(传真)
网　　址/http://press.ujs.edu.cn
排　　版/镇江文苑制版印刷有限责任公司
印　　刷/丹阳市兴华印刷厂
经　　销/江苏省新华书店
开　　本/890 mm×1 240 mm　1/32
印　　张/7.375
字　　数/192 千字
版　　次/2015 年 1 月第 1 版　2015 年 1 月第 1 次印刷
书　　号/ISBN 978-7-81130-865-5
定　　价/32.00 元

如有印装质量问题请与本社营销部联系(电话：0511-84440882)

目　录

第一章 导 论

作为全书的"引领"章节,本章首先介绍了本书的选题背景及研究意义,然后确定了本书的研究目标与内容,接着阐述了本书的研究方法、数据来源及研究思路,并在此基础上绘出本书的技术路线,最后提出本书可能的创新与存在的不足。

第一节 选题背景与研究意义

气候变化特别是全球气候变暖是当今人类面临的严峻挑战,是国际社会公认的全球性环境问题。自进入工业化时代以来,由于大量燃烧化石燃料、森林被大量砍伐、草原过度放牧等活动,地球大气中气体组成发生变化,特别是由于人类活动引起的温室气体排放增加造成全球气候变暖。政府间气候变化专门委员会(Intergovernmental Panel on Climate Change, IPCC)报告指出,1906—2005 年,全球地面气温平均上升了 0.74 ℃;自 1850 年以来,最近 12 年(1995—2006 年)中,有 11 年位列最暖的 12 个年份之中;预估未来 20 年全球气温仍将以每 10 年大约升高 0.2 ℃ 的速度变暖[1]。气候变化可以造成一系列极端恶劣的环境气候灾害,对人类的生存和发展提出了严峻挑战,如生物

---

[1] IPCC. Land-use, land-use change and forestry. In: Watson R T, Noble I R, Bolin B, et al, eds. (A special report of the IPCC). Cambridge University Press, 2000.

多样性降低、荒漠化、大气臭氧洞的形成和扩大、冰川的消融、森林火灾、洪水、干旱及飓风等[①]。

引起气候变化的原因概括起来可分为两大类：一类是自然的气候波动，另一类是人类活动的影响。自然原因可能包括太阳辐射的变化及火山的爆发，但两者对全球变暖的影响不大[②]。具有很高可信度的是，自 1750 年以来，人类活动造成全球 CO_2，CH_4 和 N_2O 等温室气体浓度明显升高，已成为气候变暖的主要原因[③]。2005 年大气中 CO_2，CH_4 的浓度分别为 379 ppm，1 774 ppb，已远远超过了过去 650 000 年的自然变化的范围[④]。在人类活动排放的温室气体当中，对气候影响最大的是 CO_2，其产生的增温效应占所有温室气体总增温效应的 63%，且其在大气中留存时间很长，最长可达到 200 年；其次是 CH_4 和 N_2O。1970—2004 年，CO_2 年排放量已经增加了大约 80%，从 210 亿 t 增加到 380 亿 t，并且排放的增加速率不断提高[⑤]。土地利用变化是引起全球大气中 CO_2 浓度升高的主要人类活动之一，对碳排放的作用仅次于化石燃料的燃烧。据 Houghton 估算，1850—1998 年土地利用变化引起的碳排放是人类活动影响碳排放总量的 1/3；另外我国 1950—2005 年土地利用变化累计碳排放量为 106 亿 t，占同期全球土地利用变化碳排放量的

---

① IGBP Terrestrial Carbon Working Group. The terrestrial carbon cycle: implications for the Kyoto Protocal. Science,1998(280).

② 王雪纯,徐影,毛留喜：《气候变化的科学背景研究》,《中国软科学》,2004 年第 1 期。

③ Watson R T,Verardo D J. Land-use change and forestry. Cambridge University Press,2000.

④ 体积浓度单位,指的是每立方米大气中含有污染物的体积数(cm³),1 ppm＝ 1 cm³/m³＝10^{-6}。另外,1 ppb＝10^{-9},1 ppt＝10^{-12}。

⑤ 史新峰：《气候变化与低碳经济》,中国水利水电出版社,2010 年。

12%[1]。土地利用变化既可以发挥碳源作用，又可以发挥碳汇作用。事实表明，大多数的土地利用变化增加了向大气中排放CO_2的总量，如森林转换为牧场或耕地，其对生态系统碳循环影响是巨大的。1850—1990 年，土地利用变化导致 124 Pg[2] 碳释放到大气中，约相当于同期化石燃料燃烧释放量的一半，其中 108 Pg 碳来自于森林生态系统，其余 16 Pg 碳主要来自于中纬度草地的过度放牧和农田耕种[3]。

为了应对全球气候变化，低碳经济的概念在 2003 年被正式提出[4]。目前学术界对低碳经济的内涵有不同的理解[5]，包括发展阶段论[6]、发展模式论[7]、社会经济形态论[8]、能源资源使用方式论[9]、物质流过程论[10]，其中发展模式论是受到普遍认可的。国家环境保护部部长周生贤指出："低碳经济是以低耗能、低排放、低污染为基础的经济模式，是人类社会继原始文明、农业文明、工业文明之后的又一大进步……"[7]作为负责任的发展中国家，2009 年我国国务院常务会议提出"到 2020 年中国单位国内

---

① 董祚继：《低碳概念下的国土规划》，《城市发展研究》，2010 年第 7 期。

② $1P=10^{15}, 1T=10^{12}, 1G=10^{9}, 1M=10^{6}$。

③ Houghton R A, Hackler J L. Emissions of carbon forestry and land-use change in tropical Asia. Global Change Biol, 1999, 5.

④ Department of trade and industry(DIT). UK energy white paper: our energy future-creating a low economy. TSO, 2003.

⑤ 赵志凌，黄贤金，赵荣钦，等：《低碳经济发展战略研究进展》，《生态学报》，2010 年第 16 期。

⑥ 潘家华：《怎样发展中国的低碳经济》，《绿叶》，2009 年第 5 期。

⑦ 张坤民，潘家华，崔大鹏：《低碳经济论》，中国环境科学出版社，2008 年。

⑧ 冯之浚，金涌，牛文元：《关于推行低碳经济促进科学发展的若干思考》，《光明日报》，2009 年 4 月 21 日。

⑨ 中国科学院可持续发展战略研究所：《2009 年中国可持续发展战略报告——探索中国特色的低碳道路》，科学出版社，2009 年。

⑩ 毛玉如，沈鹏，李艳萍：《基于物质流分析的低碳经济发展战略研究》，《现代化工》，2008 年第 8 期。

生产总值 CO_2 排放比 2005 年下降 40％～45％”[1]。从我国目前所处的经济社会发展阶段及经济发展方式来看,既要发展又要低碳,这无疑是一个"两难"的困境,因此走低碳经济发展模式就成为实现这一目标的必要途径。

发展低碳经济的关键在于降低碳排放量,主要通过增加碳汇、减少碳源的路径来实现。未来较长时期内,我国经济的持续增长还是需要以化石能源的大量消耗为代价的,而且消耗量还将不断增长,而现阶段我国清洁能源发展技术还不成熟,能源消耗强度下降幅度还不足以抵消重工业产业凸显、煤炭消费比重居高不下等所导致的碳排放的增加[2]。实质上,能源消耗、产业布局、农业生产等一系列活动都与土地利用密切相关[3],同时,已有研究证明土地利用变化对陆地生态系统碳循环也有很大程度的影响[4][5],是引起碳源、碳汇变化的重要原因。此外,土地利用也能够间接影响地区的碳排放水平,因此通过转换土地利用类型、优化土地利用结构和提高土地利用技术等措施来减缓大气中温室气体浓度的增加,可能成为实现低碳经济发展的重要路径之一。本研究以合理组织土地利用、帮助实现节能减排为目标,分别从宏观、中观和微观不同层面分析土地利用变化产生的碳排放效应,这对我国探索发展低碳经济的新路径具有重要

---

[1]　http://news.xinhuanet.com/politics/2009-11/26/content_12544442.htm.

[2]　林伯强,蒋竺均:《中国二氧化碳的环境库兹涅茨曲线预测及影响因素分析》,《管理世界》,2009 年第 4 期。

[3]　赵荣钦,刘英,郝仕龙,等:《低碳土地利用模式研究》,《水土保持研究》,2010 年第 5 期。

[4]　DeFries R S,Field C B,Fung I,et al. Combining satellite data and biogeochemical models to estimate global effects of human-induced land cover change on carbon emissions and primary productivity. Glob Biogeochem Cycle,1999,13(3).

[5]　葛全胜,戴君虎,何凡能:《过去三百年中国土地利用变化与陆地碳收支》,科学出版社,2008 年。

的理论与现实意义。

第二节 主要研究内容与研究方法

一、研究目标

本书拟在全球气候变化、发展低碳经济的背景下,探索我国在快速工业化和城市化的进程中,如何通过转换土地利用类型、优化土地利用结构和提高土地利用技术来减缓温室气体排放。具体研究目标可以分为:(1)宏观层面。从能源消费角度分析我国土地非农化碳排放的时空变化特征,并探讨土地非农化碳排放与经济增长的关系,为制订差别化的碳减排政策提供指导;(2)中观层面。分析产业结构调整对建设用地碳强度的贡献,为我国不同地区目前实施的"产业转移"和"产业承接"发展战略提供参考;分析农用地种植业结构调整对农田系统碳净吸收时空变化的影响,为我国不同地区合理安排农业生产提供指导;(3)微观层面。分析农业生产过程中农户采用不同施肥技术对温室效应的影响,为推广农业节能减排技术提供依据。

二、主要研究内容

在以上研究目标的基础上,本书首先构建了土地利用变化碳排放效应的理论分析框架;其次,分析了土地非农化引致的碳排放量、碳强度和碳足迹的时空变化特征,以及其与经济增长之间的关系,并采用指数分解法分析经济增长的不同效应对土地碳排放的贡献;再次,进一步采用指数分解法对所选研究区域的建设用地碳强度进行分解,分析产业结构调整对建设用地碳强度变化的贡献,利用碳排放/吸收估算模型分析研究期内我国农田生态系统碳净吸收的时间变化特征,采用重心模型分析其空间变化规律;接着,在以上基础上,利用 C-D 生产函数分析种植业结构调整对碳净吸收变化的贡献,采用生命周期评价方法分析农户采用不同土地利用技术（施肥技术）对资源消耗和环境的影响，进一步分析其对温室效应的影响；最后依据以上研究结论，提出实现节能减排、发展低碳经济的政策建议。

本书主要研究内容如下：

（一）构建理论分析框架

本书首先从理论上探讨了不同层面（宏观、中观、微观）土地利用变化对碳排放的影响机制；然后在已有研究基础上，提出在不同层面如何通过转换土地利用类型、调整土地利用结构和选择土地利用技术来实现节能减排目标的假设；最后在以上理论分析与相关研究理论相结合的基础上，构建了本书的分析框架，用以指导以下不同章节实证研究的开展。

（二）土地非农化对碳排放的影响分析

土地非农化是经济社会发展的必经阶段，也是我国目前及今后一定时期正在和将要进行的阶段，因此对碳排放的影响还是较深远的。本书利用能源消费和土地利用变更调查统计数据，通过建立不同能源消费行业与土地利用类型之间的对应关系，对我国 28 个省（市、自治区）不同土地利用类型的碳排放强度及碳足迹进行了核算，并对碳强度与碳足迹的时空变化特征进行了分析；在此基础上，利用协整理论和 Granger 因果关系检验方法检验土地非农化碳排放与经济增长之间的关系；利用指数分解法，从经济增长的规模效应（土地产出效应、土地规模效应）、结构效应（能源结构效应、产业结构效应）和技术效应（能源强度效应）对比分析不同效应类型对土地利用碳排放的贡献，分析土地非农化过程中不同土地利用类型碳排放的主要贡献效应类型。

（三）建设用地产业结构调整对碳排放的影响分析

建设用地是能源消耗的主要土地利用类型，其中工业是能源消耗的"大户"，因此探讨产业结构调整对碳排放的影响对减缓温室气体排放具有重要意义。我国东部沿海地区正在实施产业转移战略,而中西部地区则在创造条件承接产业转移,在这个产业结构调整的过程中,各省份的土地利用结构必然发生变化,因此会对土地碳强度,特别是建设用地碳强度产生一定的影响。在产业转移背景下,探讨不同区域的产业发展战略对其实现节能减排目标的作用以及作用程度。本书选取了产业结构调整和产业发展战略具有代表性的北京市、湖北省及贵州省作为研究区域,首先通过采用对数均值指数分解法将建设用地碳强度分解为产业结构效应和产业碳强度效应,分析产业结构调整对不同地区节能减排目标实现的作用方向及作用程度,为确定差别化的产业发展方向和制定产业发展政策提供参考。

(四)农用地种植业结构调整对碳净吸收的影响分析

随着人民生活水平的提高及农作物比较收益的增大,我国经济作物种植比例逐渐增大,粮食作物所占比例逐渐减小,而不同作物类型生育期内对碳的吸收作用是不同的。本书将探讨种植业结构调整对我国农田系统碳净吸收时空变化的影响。首先通过采用作物生育期碳吸收估算模型和农业生产碳排放估算模型,分别估算我国不同时期农田系统的碳吸收与碳排放变化;然后引入重心模型,探讨碳净吸收重心移动规律;接着按照农业生态分区原则将我国分为 8 个农业生产区域,采用 C-D 生产函数模型,分析种植业结构调整对我国农田系统碳净吸收的影响程度及对不同区域碳净吸收变化的贡献。相应的研究结论能够为我国不同区域的农业生产活动提供一定的指导。

(五)农业生产土地利用技术变化对碳排放的影响分析

不同的农田管理方式对与大气之间碳通量的交换有很大的影响。不同耕作方式、施肥类型和技术、轮作方式等农业生产活动所引起的土壤碳储量及碳排放的变化是不同的。因为化肥是引起农田温室气体排放的主要投入物资,而且目前在我国农业生产活动过程中化肥的过量使用也产生了较严重的环境问题，因此本书选择水稻生产过程中农户采用的不同施肥技术作为研究对象，以农户调查数据为基础，引入产业生态学中的生命周期评价方法，建立水稻生产生命周期评价系统，分析常规施肥技术和测土配方施肥技术对温室气体排放的影响。相应的研究结论能够为推广农业生产新技术，实现农业节能减排目标提供一定的参考依据。

三、研究方法

本书的研究内容涉及的学科广泛，包含资源学、经济学、环境学、生态学、土壤学、地理学等，因此在研究过程中不可避免地需要综合运用多种研究方法，具体如下：

（一）归纳总结方法

由于研究内容涉及广泛，因此归纳总结方法就成为必不可少的一种方法。首先，文献综述部分通过归纳总结，对土地利用变化及碳排放效应相关的研究内容进行了梳理；其次，对土地利用变化如何从不同层面对碳排放产生影响，以及两者之间的作用机理进行了归纳总结，构建了本书的理论分析框架；最后，综合本书的理论分析与实证检验，归纳总结并提出我国如何通过土地利用变化达到节能减排目的及发展低碳经济的政策建议。

（二）问卷调查方法

本书微观层面是针对农户农田土地利用行为的研究，因此，获取农户的统计资料，对农户做问卷调查，可以为深入分析微观层面土地利用变化对温室效应的影响提供丰富的一手数据。本书采用随机抽样的调查方法选择样本村，通过入户调查的方式搜集了太湖流域镇江市、无锡市和常州市农户层面的农业生产投入、产出和农业生产技术采纳情况的数据。

（三）定性分析与定量分析相结合方法

定性分析与定量分析是互为补充的统一体，只有将两者相结合才能更准确、更深刻地认识客观事物的本质。本书在定性分析基础上提出土地利用变化与碳排放效应之间关系的理论假说,然后通过数学模型、经济计量模型及产业生态学评价方法对提出的理论假说进行定量化研究。定量化研究的具体内容包括基于能源消费的碳足迹估算、土地碳排放与经济增长关系检验、农田生态系统碳净吸收重心移动,以及评价不同的化肥使用技术对环境的影响等。方法的具体运用将在以下章节详细论述。

(四)地理信息系统方法

3S(GPS,GIS,RS)技术目前在很多学科都有着广泛的应用。在地理学研究方面,综合运用 3S 技术可以准确将研究样点进行地理定位,从而能够对研究样点有更为直观的认识。本书在探讨农田系统碳净吸收重心移动规律时运用 ArcGIS 软件将不同时期碳净吸收的重心位置准确落在地理区位上,通过制作专题图,能够更加清楚地表现碳净吸收重心位置在不同行政区域间的转换。

(五)生命周期评价方法

生命周期评价(life cycle assessment,LCA)是 ISO 14000 环境管理标准中面向产品的标准之一,已成为近年来环境科学研究的热点。生命周期评价作为一种环境管理工具,不仅能够对当前的环境影响进行有效的定量化分析评价,而且对产品或服务"从摇篮到坟墓"的全过程所涉及的环境问题进行评价,是"面向产品环境管理"的重要支持工具[①]。生命周期评价目前在工业领域发展较成熟,而在农业领域还未建立适合我国国情的生命周期评价研究框架。本书在国内外研究成果基础上,尝试借鉴该方法评价研究区域内水稻生产生命周期内,在采用不同施肥技术的情况下对环境产生的影响差异。

---

① 邓南圣,王小兵:《生命周期评价》,化学工业出版社,2003 年。

四、数据来源

本书所用数据主要包括社会经济数据、土地数据、能源消费数据、农业生产数据及农户调查数据等，具体来源如下：

（一）社会经济数据

除特别说明外，书中所用数据一般来自历年《中国统计年鉴》《中国人口和就业统计年鉴》《新中国六十年统计资料汇编》等。另外还有一些数据来自各省（市、自治区）统计年鉴及《国民经济和社会发展统计公报》等。

（二）土地数据

除特别说明外，书中所用数据一般来自历年《全国土地管理统计资料》《国土资源综合统计年报》《中国国土资源统计年鉴》《土地利用变更调查报告》《国土资源公报》和《中国国土资源》等。

（三）能源消费数据

除特别说明外，书中所用数据一般来自历年《中国能源统计年鉴》，部分来自各省（市、自治区）统计年鉴及《国民经济和社会发展统计公报》《能源公报》等。

（四）农业生产数据

除特别说明外，分析农田系统碳净吸收所需的农作物生产投入和产出数据，一般来自《中国农村统计年鉴》《改革开放三十年农业统计资料汇编》等。

（五）农户调查数据

在微观层面分析水稻生产整个生命周期内，农户采用不同的施肥技术对碳排放的影响所利用的化肥投入及作物产出等数据是采用问卷调查法对样本区域内农户进行调查，经过汇总整理后获取的。具体关于调查样点的选择、样本数据特征的描述等将在第六章详细说明。

（六）其他数据

其他用于估算碳排放/吸收所用到的相关系数将在书中具体说明。各省会城市质心坐标等地理数据主要来自中国资源环境数据库。

五、研究思路与技术路线

本书以全球所面临气候变暖的严峻挑战为起点，以减缓气候变化为目标，以发展低碳经济为前提，以增加碳汇、减少碳源为路径，在采用理论与实证分析相结合的方法分析不同层面（宏观、中观、微观）土地利用变化如何影响碳排放及影响程度如何的基础上，提出如何通过合理组织土地利用、优化土地利用结构、选择土地利用技术等途径减少土地利用碳排放，最终为实现既发展又低碳的"双赢"目标提供政策支持。因此，本书的研究思路可以大致分为以下四步：第一步，在分析面临的现实问题与梳理相关研究文献的基础上，提出本书要研究的问题——土地利用变化对碳排放的影响；第二步，在整理学习相关理论及界定相关概念的基础上，构建本书的理论分析框架；第三步，在理论分析框架的指导下，运用经济学、土壤学、地理学、生态学、资源学等知识，深入分析宏观层面（土地非农化）、中观层面（建设用地产业结构调整、农用地种植业结构调整）和微观层面（土地利用技术变化）的不同土地利用变化种类对碳排放的影响及影响程度；第四步，在相关理论分析、实证分析的基础上，总结提炼研究结论，并从土地利用及其相关角度提出如何发展低碳经济的政策建议。本书的技术路线如图 1-1 所示。

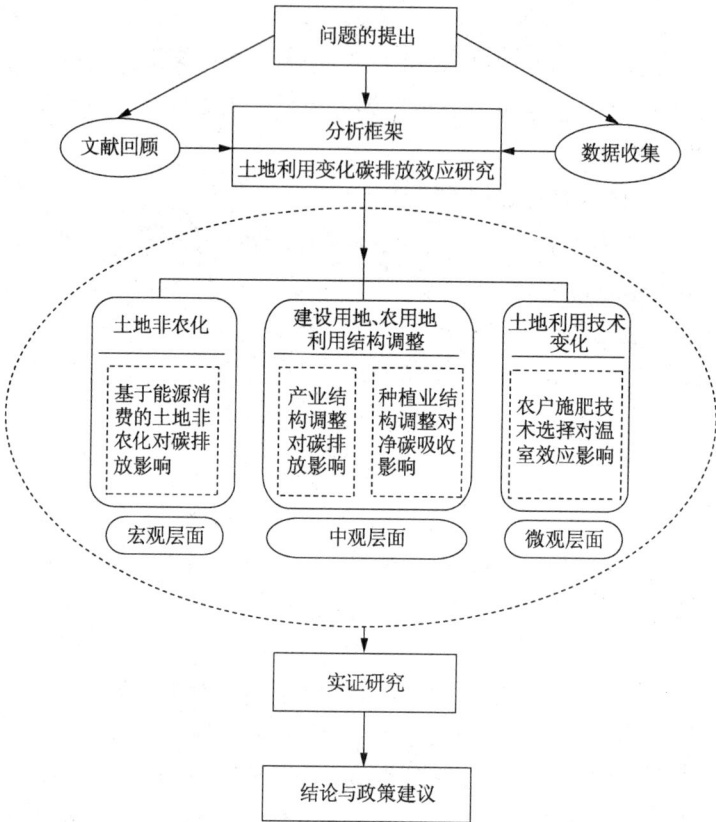

图 1-1　技术路线图

第三节　可能的创新与不足

一、可能的创新

目前关于土地利用碳排放的研究主要集中于农业生产领域,通常是分析地类转换或土地利用管理措施对土壤碳储量或与大气之间碳通量的影响。在发展低碳经济的目标下,系统研究如何通过土地利用变化,包括土地利用类型转换、土地利用结构调整、土地利用技术变化等实现节能减排的研究成果较少，本书以此为切入点进行了深入探讨。本书可能存在的创新点如下：

1．本书构建了一个土地利用变化对碳排放影响的综合分析框架，即分别从宏观（土地非农化与碳排放）、中观（建设用地产业结构调整与碳排放、农用地种植业结构调整与碳净吸收）与微观（土地利用技术变化与碳排放）三个层面系统分析研究了土地利用变化产生的碳排放效应，扩展了该问题的研究领域，而不再是仅仅局限于农业领域的研究。

2．本书首次通过采用协整理论检验土地碳排放与经济增长之间是否存在长期协整关系，并采用 Granger 因果关系检验法检验两者之间是否存在因果关系，从而探讨土地非农化碳排放与经济发展之间的关系。研究结论对指导处于经济社会快速发展阶段并大力倡导发展低碳经济的我国如何通过制定相关政策实现低碳与发展的"共赢"有重要意义。

3．在微观层面分析土地利用技术选择对碳排放的影响时，引入产业生态学评价方法——生命周期评价法。利用该评价方法分析了水稻生产生命周期过程中农户采用不同的化肥施用技术产生的温室效应差异。该方法在一定程度上弥补了只有通过长期定位观测试验才能对该问题进行研究的限制，提供了一条从较宏观的角度研究农田管理措施对碳排放影响的可选择路径。

二、可能存在的问题

（一）数据问题

1．土地数据问题。由于在 1996 年之前，我国未公布能够让各方认可的权威的土地利用数据，而且 1997 年、1998 年数据缺失加之 2002 年前后土地利用分类体系也存在变换的情况，因此本书获取较长时间序列的土地数据受到一定的限制，从而可能对模型结果存在一定的影响。

2. 农户调查数据问题。由于调查问卷设计的不完善或选择的调查样点代表性不充分等问题，调查结果也许客观性代表不足；并且在填写问卷过程中，农户主观性较强。因此，利用调查数据进行微观层面的分析时，得出的研究结论存在一定的局限性并可能有误差。

（二）研究方法问题

已有的研究多集中于森林与土壤碳储量、能源消费碳排放等方面，目前从宏观层面土地利用对碳排放影响的定量研究还不成熟。本书基于能源消费角度，将能源消费行业与土地利用类型相对应，研究土地利用变化对碳排放的影响。由于能源消费行业与土地利用类型之间并不能完全一一对应，所以研究结果可能存在偏差，还有待进一步细化研究。

第二章　国内外研究进展

　　人类活动造成的温室气体排放增加不仅导致全球气候变暖,而且对全球降水量也产生了影响。已有研究证实,化石燃料的燃烧是造成温室气体增加的首要原因①,众多学者对能源消费碳排放进行了相关研究,旨在为节能减排提供路径选择。另外,土地利用变化对温室气体排放和土壤碳储量的影响也不容忽视,特别是农业生产管理措施引起的土地利用变化。农田农业生产过程中不同的管理措施对温室气体的排放/吸收的作用也是不同的。本章将主要从能源消费碳排放、土地利用变化对温室气体排放和土壤碳储量的影响及生命周期评价方法的应用三个方面对相关文献进行回顾与总结。

第一节　基于能源消费的碳排放研究

　　能源消费碳排放研究已成为 20 世纪末以来国内外学术界研究的热点问题,也是各国政府关注的焦点问题。综述相关研究文献,主要集中于能源消费碳排放与经济增长关系研究、能源消费碳排放影响因素研究和能源消费碳排放时空格局研究等方面。

---

　　①　政府间气候变化专门委员会:《气候变化 2007 综合报告》,http://www.ipcc.cn/,2010－05－18.

一、能源消费碳排放与经济增长关系

研究环境污染与经济增长之间关系采用最多的方法就是环境库兹涅茨曲线（EKC）假说理论，研究碳排放与经济增长之间关系也主要采用该方法。众多研究主要集中在能源消费碳排放与经济增长之间是否存在环境得到改善的拐点，所得到的研究结论也不完全相同。Martin 指出人均收入与人均碳排放之间是单调递增关系，不存在改善的拐点[①]。徐玉高等学者认为经济发展与碳排放之间不存在倒"U"形曲线，碳排放与经济发展的指数关系说明碳排放具有显著的公共品特性，由于其成本外在化与治理激励不足，从而其不能够像 SO_2 等污染物由于对局部影响严重而较早得到治理[②]。Holtz-Eakin 等[③]、Panayotou 等[④]与 Galeotti 等[⑤]证实了拐点的存在，但不同研究中拐点所对应的人均收入相差较大，低至 Galeotti 等得出的 13 260 美元，中至 Panayotou 等得出的 25 100 美元，高至 Holtz-Eakin 等估计的 35 428～80 000 美元，且都是以发达国家为例的。林伯强等的研究表明我国存在的理论拐点是人均收入 37 170 元，估计在 2020 年左右达到，但实证预测表明至 2040 年拐点没有出

① Martin Wagner. The carbon Kuznets Curve：a cloudy picture emitted by bad economics? Resources and Energy Economics，2008，30.

② 徐玉高，郭元，吴宗鑫：《经济发展、碳排放和经济演化》，《环境科学进展》，1999 年第 2 期。

③ Holtz-Eakin D，Selden TM. Stoking the fires? CO_2 emissions and economic growth. Journal of Public Economics，1995，57.

④ Panayotou T，Sachs J，Peterson A. Developing countries and the control of climate change：a theoretical perspective and policy implications. CAER Ⅱ Discussion Paper，1999，44.

⑤ Galeotti M，Lanza A，Pauli F. Reassessing the environmental Kuznets Curve for CO_2 emissions：a robustness exercise. Ecological Economics，2006，57.

现①。蔡昉等认为如果被动等到环境改善拐点的到来,将无法应对日益增加的环境压力②。韩玉军等分别对不同国家两者之间关系进行分析,结果表明不同国家的碳排放库兹涅茨曲线差别较大,分别呈现线性、倒"U"形等关系③。还有研究表明两者之间存在"N"形关系④⑤或两者之间没有关系⑥。卢娜等以江苏省苏锡常地区为例,采用岭回归函数对 STIRPAT 模型进行了拟合,结果表明经济增长是能源消费碳足迹增加的主要影响因素,两者关系拟合未出现倒"U"形曲线;并且两者处于相对脱钩与复钩的波动状态,从侧面进一步验证了两者之间不成立库兹涅茨曲线假说的结论⑦。张雷对发达国家与发展中国家进行了对比研究,结果表明在工业化初期阶段,大规模制造业及煤炭的大量消耗导致碳排放的快速增加;进入工业化中期阶段以后,高科技产业及含碳量低的能源的利用最终会导致碳排放增速减缓和下降的局面⑧。

综上所述,碳排放与经济增长之间是否存在 EKC 假说目前还未得到一致认可,研究者们还有很大的分歧。对于产生

①　林伯强,蒋竺均:《中国二氧化碳的环境库兹涅茨曲线预测及影响因素分析》,《管理世界》,2009 年第 4 期。

②　蔡昉,都阳,王美艳:《经济发展方式转变与节能减排内在动力》,《经济研究》,2008 年第 6 期。

③　韩玉军,陆旸:《经济增长与环境关系——基于对 CO_2 环境库兹涅茨曲线的实证研究》,中国人民大学经济学院工作论文,2007 年。

④　杜婷婷,毛峰,罗瑞:《中国经济增长与 CO_2 排放演化探析》,《中国人口·资源与环境》,2007 年第 17 期。

⑤　胡初枝,黄贤金,钟太洋,等:《中国碳排放特征及其动态演进分析》,《中国人口·资源与环境》,2008 年第 18 期。

⑥　Lantz V,Feng Q. Assessing income,population,and technology impacts on CO_2 emissions in Canada,where is the EKC? Ecological Economics,2006,57.

⑦　卢娜,曲福田,冯淑怡,等:《基于 STIRPAT 模型的能源消费碳足迹变化及影响因素分析——以江苏省苏锡常地区为例》,《自然资源学报》,2011 年第 5 期。

⑧　张雷:《经济发展对碳排放的影响》,《地理学报》,2003 年第 4 期。

分歧的原因,有的研究者认为是研究对象不同[1],有的则认为是研究过程中违背了 EKC 假说适用于国家层面的隐含假设[2]。

还有部分学者采用不同的方法对能源消耗与经济增长之间的关系进行研究。Ramakrishnan[3] 采用数据包络分析法(DEA)分析了 GDP、能源消耗与碳排放之间的关系。Ugur 等[4]采用向量自回归模型(VAR)研究了美国能源消耗、GDP 与碳排量之间的因果关系,研究结果发现碳排放增长的原因不是经济增长而是能源消耗。Zhang Xingping 等的研究也表明能源消耗和碳排放不是经济增长的 Granger 成因[5]。

二、能源消费碳排放影响因素

影响能源消费碳排放的因素较多,不同学者从不同方面、采用不同方法对影响能源消费、能源消费碳排放的因素进行分析。分析能源消费碳排放影响因素采用较多的是分解分析法和计量模型法,其中前者包括结构分解分析(structural decomposition analysis,SDA)与指数分解分析(index decomposition analysis, IDA)[6];计量模型主要是依据 IPAT 恒等式而扩展的模型。

---

① 韩玉军,陆旸:《经济增长与环境关系——基于对 CO_2 环境库兹涅茨曲线的实证研究》,中国人民大学经济学院工作论文,2007 年。

② Stern D I. The rise and fall of the Environmental Kuznets Curve. World Development,2004,32.

③ Ramakrishnan Ramanathan. A multi-factor efficiency perspective to the relationships among world GDP, energy consumption and carbon dioxide emissions. Technological Forecasting & Social Change,2006,73.

④ Ugur Soytas, Ramazan Sari, Bradley T Ewing. Energy consumption, income, and carbon emissions in the United States. Ecological Economics,2007,62.

⑤ Zhang Xingping, Cheng Xiaomei. Energy consumption, carbon emissions and economic growth in China. Ecological Economics,2009,68.

⑥ 朱勤,彭希哲,陆志明,等:《中国能源消费碳排放变化的因素分解及实证分析》,《资源科学》,2009 年第 12 期。

（一）能源消费影响因素

有关能源消费影响因素的研究，学者多集中于分析经济增长、产业结构及技术创新等方面。张晓平的研究结果表明我国地区间能源消费强度的差异与地区总体经济发展水平、工业化程度及经济重型化程度存在直接关系，特别是经济重型化程度提高会显著增加能耗强度[①]。国外学者认为产业技术创新与结构调整是影响我国能源消费强度变化的主要原因[②]，而国内学者通过研究发现能耗强度降低是能源技术进步的结果，产业结构调整没有贡献甚至起反作用[③]。师博应用修正的 Laspeyres 指数分解法对我国 1980—2005 年能源消耗强度进行分析，认为由于我国存在二元经济结构转换特征，因此产业结构调整无法从整体上改进能源消耗强度[④]。李艳梅等采用两级分解法分析了影响我国能源消费增长的因素，结果表明经济规模增加是最大的贡献因素[⑤]。许冬兰等运用 Granger 因果分析方法和协整分析方法实证分析了山东省城市化水平和能源消耗之间的长短期关系，结果表明两者之间存在单向 Granger 因果联系（城市化水平提高是能源消耗增长的 Granger 因果原因）和协整关系，但能源需求不会成为制约山东省城市化进程的瓶颈[⑥]。

---

① 张晓平：《中国能源消费强度的区域差异及影响因素分析》，《资源科学》，2008 年第 6 期。

② Fisher, Vanden K, Jefferson G H, et al. What is driving China's decline in energy intensity? Resource and Energy Economics, 2004, 26.

③ 王玉潜：《能源消耗强度变动的因素分析方法及其应用》，《数量经济技术经济研究》，2003 年第 8 期。

④ 师博：《中国能源强度变动的主导效应分析——一项基于指数分解模型的实证研究》，《山西财经大学学报》，2007 年第 12 期。

⑤ 李艳梅，张雷：《中国能源消费增长原因分析与节能途径探讨》，《中国人口·资源与环境》，2008 年第 3 期。

⑥ 许冬兰，李琰：《山东省城市化和能源消耗的关系研究》，《中国人口·资源与环境》，2010 年第 11 期。

（二）能源消费碳排放影响因素

Ang 等运用对数平均 Divisia 指数（LMDI）分解法进一步分解了行业结构，认为工业增加值和行业能源强度下降分别对我国工业 CO_2 排放起到了最大的拉动和抑制作用[①]。徐国泉等采用对数平均权重 Divisia 指数分解法分析了 1995—2004 年影响我国人均碳排放的因素，结果显示经济发展对人均碳排放贡献率拉动呈指数增长关系，而能源效率和结构对抑制人均碳排放贡献率呈倒"U"形关系[②]。宋德勇等采用"两阶段"LMDI 方法深入分析了在不同经济增长方式下，我国能源消耗碳排放的周期性波动特征，从而对相关因素进行了较完整的分解[③]。Fan 等采用适应性加权 Divisia 指数分解法分析影响我国 1980—2003 年碳排放强度的因素，指出一次能源碳排放强度对能源强度变化有显著影响，因此能源消费减排政策不能仅关注能源消耗强度这一因素，还需关注能源消费结构这一因素[④]。已有的研究多数是以我国为例，由于采用的分解指标、研究的时段各不相同，研究结果可能存在差异。

以上研究多采用指数分解法，还有部分学者采用其他方法从其他角度分析了影响碳排放的因素。如张友国采用投入产出结构分解法分析了经济发展方式变化对 GDP 碳排放强度的影响，结果表明生产部门能源强度、需求能源下降和能源结构变化对碳排放强度下降做出了不同程度的贡献，而需求衡量分配结

① Ang B W, Zhang F Q, Choi K H. Factoring changes in energy and environmental indicators through decomposition. Energy, 1998, 23(6).

② 徐国泉，刘则渊，姜照华：《中国碳排放的因素分解模型及实证分析：1995—2004》，《中国人口·资源与环境》，2006 年第 3 期。

③ 宋德勇，卢忠宝：《中国碳排放影响因素分解及其周期性波动研究》，《中国人口·资源与环境》，2009 年第 3 期。

④ Fan Ying, Liu Lancui, Wu Gang, et al. Changes in carbon intensity in China: empirical findings from 1980—2003. Ecological Economics, 2007, 62.

构、三次产业结构变化等导致碳排放强度的上升①。申笑颜采用灰色关联分析法讨论了碳排放与影响因素之间的关系②。冯相昭等采用改进的 Kaya 恒等式对我国 1971—2005 年的 CO_2 排放进行无残差分解，结果表明经济发展和人口增长是主要贡献因素③。朱勤等采用扩展的 STIRPAT 模型计量分析了人口、消费及技术因素对碳排放的影响，结果显示居民消费水平、城市化率和人口规模对碳排放影响明显，技术进步解释能力有限④。赵欣等考虑全要素增长率的影响，建立了碳排放影响因素模型，采用最小二乘法分析各因素对碳排放的影响⑤。

三、能源消费碳排放动态变化研究

（一）能源消费碳排放时空格局变化研究

岳超等分析了我国东部、中部、西部碳排放及省际碳强度差异，并分析了影响因素⑥。祁悦等参照 IPCC 国家温室气体清单指南推荐的表观消费量法对我国及各省（市、区）1992—2007 年碳足迹进行了估算⑦。赵荣钦等对我国各省区不同产业空间碳

①　张友国:《经济发展方式变化对中国碳排放强度的影响》,《经济研究》,2010年第 4 期。

②　申笑颜:《中国碳排放影响因素的分析与预测》,《统计与决策》,2010 年第19 期。

③　冯相昭,邹骥:《中国 CO_2 排放趋势的经济分析》,《中国人口·资源与环境》,2008 年第 3 期。

④　朱勤,彭希哲,陆志明,等:《人口与消费对碳排放影响的分析模型与实证》,《中国人口·资源与环境》,2010 年第 2 期。

⑤　赵欣,龙如银:《考虑全要素生产率的中国碳排放影响因素分析》,《资源科学》,2010 年第 10 期。

⑥　岳超,胡雪洋,贺灿飞,等:《1995—2007 年我国省区碳排放及碳强度的分析——碳排放与社会发展Ⅲ》,《北京大学学报(自然科学版)》,2010 年第 4 期。

⑦　祁悦,谢高地,盖力强,等:《基于表观消费量法的中国碳足迹估算》,《资源科学》,2010 年第 11 期。

排放强度与碳足迹进行了对比分析①。赵荣钦等从能源消费的角度分析了江苏省土地利用碳排放与碳足迹,结果表明居民点工矿用地碳排放强度、碳足迹最大,农用地和水利用地碳排放强度、碳足迹则最小②;虽然能源消费行业与土地利用类型不能够精确对应,但作者仍然做出了有意义的尝试。张雷研究了我国一次能源消费的碳排放区域格局变化,并通过产业—能源关联和能源—碳排放关联两个评价模型分析原因③。王倩倩等采用重心模型分析我国一次能源消费人均碳排放重心移动趋势,并采用指数分解模型对我国不同区域碳排放的影响因素进行了分析④,强化了空间概念。

（二）能源消费碳排放预测

林伯强等分别采用协整方法与马尔科夫模型预测了不同情景下我国一次能源消费需求及能源消费结构⑤。聂锐等综合考虑了环境、政策等不可量化因素对江苏省低碳发展的影响,分析并预测了经济、社会、能源与环境的发展趋势,将 IPAT 模型与脱钩理论相结合,预测了江苏省在基准、低碳和强化低碳三种情景下能源消费碳排放情况,从而使预测结果更具有政策可操作性⑥。朱永彬等采用改进的内生经济增长模型 Moon-Sonn 预

① 赵荣钦,黄贤金,钟太洋:《中国不同产业空间的碳排放强度与碳足迹分析》,《地理学报》,2010年第9期。
② 赵荣钦,黄贤金:《基于能源消费的江苏省土地利用碳排放与碳足迹》,《地理研究》,2010年第9期。
③ 张雷:《中国一次能源消费的碳排放区域格局变化》,《地理研究》,2006年第1期。
④ 王倩倩,黄贤金,陈志刚,等:《我国一次能源消费的人均碳排放重心移动及原因分析》,《自然资源学报》,2009年第5期。
⑤ 林伯强,蒋竺均:《中国二氧化碳的环境库兹涅茨曲线预测及影响因素分析》,《管理世界》,2009年第4期。
⑥ 聂锐,张涛,王迪:《基于IPAT模型的江苏省能源消费与碳排放情景研究》,《自然资源学报》,2010年第9期。

测了我国未来能源消费碳排放走势,结果显示,在当前技术进步速率下,预期分别在 2043 年和 2040 年达到能源消费高峰和碳排放高峰[1]。邢璐等运用混合能源投入产出模型,预测了我国在 2020 年全面实现小康社会条件下,居民最后总消费引起的直接和间接能源需求[2]。包森等采用能源结构双组份模型对我国能源生产和消费进行了预测[3]。

(三)能源消费碳排放绩效评价

基于全要素和要素替代的思想,数据包络分析(DEA)开始广泛应用于碳排放等环境绩效评价中[4]。Zaim 等[5]、Zofio 等[6]、Zhou 等[7]采用不同的 DEA 模型从宏观层面上对 OECD 国家和部分地区二氧化碳排放绩效进行了评价。采用碳效率指标可以弥补碳排放总量等指标对碳排放作为成本对期望产出作用考虑不足的缺陷。游和远等[8]基于投入导向的 CCR 与 BCC

---

[1] 朱永彬,王铮,庞丽,等:《基于经济模拟的中国能源消费与碳排放高峰预测》,《地理学报》,2009 年第 8 期。

[2] 邢璐,邹骥,石磊:《小康社会目标下的居民生活能源需求预测》,《中国人口·资源与环境》,2010 年第 6 期。

[3] 包森,田立新,王军帅:《中国能源生产与消费趋势预测和碳排放研究》,《自然资源学报》,2010 年第 8 期。

[4] Zhou P,Ang B W,Poh K L. A survey of data envelopment analysis in energy and environmental studies. European Journal of Operational Research,2008,189(1).

[5] Zaim O,Taskin F. Environmental efficiency in carbon dioxide emissions in the OECD: a non-parametric approach. Journal of Environmental Management,2000,58(2).

[6] Zofio J L,Prieto A M. Environmental efficiency and regulatory standards: the case of CO_2 emissions from OECD industries. Resources and Energy Economics,2001,23(1).

[7] Zhou P,Ang B W,Poh K L. Slacks-based efficiency measures for modeling environmental performance. Ecological Economics,2006,60(1).

[8] 游和远,吴次芳:《土地利用的碳排放效率及其低碳优化——基于能源消耗的视角》,《自然资源学报》,2010 年第 11 期。

模型预测土地利用碳排放的总效率、技术效率、规模效率与规模报酬,并对 26 个碳排放非 DEA 有效省份的土地利用投入与产出进行低碳优化。王群伟等利用含有非期望产出的 DEA 模型构建的 Malmquist 指数测度了 1996—2007 年我国 28 个省区市 CO_2 排放绩效,并借助收敛理论和面板数据回归模型分析区域差异与影响因素[①]。

第二节 土地利用变化对温室气体排放和土壤碳储量的影响

人类对土地的开发利用及其引起的土地覆被变化被认为是全球环境变化的重要组成部分和主要原因[②]。土地利用/覆被格局的变化影响了陆地生态系统的生物多样性、动植物种群结构、初级生产力等[③],影响了全球生物地球化学循环与大气中温室气体的含量,改变了区域大气化学性质及过程[④],对局地、区域及全球气候都产生了广泛而深刻的影响[⑤]。土地利用变化导致土地覆被发生两种类型的变化:渐变(modification)和转换(conversion)[⑥]。本节分别从土地利用变化对温室气体排放及土壤碳储量的影响两方面对相关文献进行回顾总结。

---

① 王群伟,周鹏,周德群:《我国二氧化碳排放绩效的动态变化、区域差异及影响因素》,《中国工业经济》,2010 年第 1 期。

② Turner B L,Skole D, Sanderson S,et al. Land-use and land-cover change. Science/Research Plan,1995.

③ Jefferson F,Krummel J, Yamasarn S,等:《泰国北部的土地利用与景观动态:三个高地流域变化的评价》,《人类环境杂志》,1995 年第 6 期。

④ Keller M,Jacob D J, Wosfy S C,et al. Effects of tropical deforestation on global and regional atmospheric chemistry. Climate Change,1991.

⑤ Skukla J. Amazonian deforestation and climate change. Science,1990,247.

⑥ Turner B L Ⅱ,Meyer W B,Skole D L. Global land-use/land-cover change: towards an integrated program of study. Ambio,1994,23(1).

一、土地利用变化对温室气体排放的影响

农业生态系统对全球变化的影响主要是通过改变三种温室气体,即 CO_2,CH_4 和 N_2O 在土壤与大气界面之间的交换来实现的[①]。以下分别从两种不同的土地利用变化类型对以上三种主要温室气体排放的影响进行回顾。

(一)土地利用转换对温室气体排放的影响

土地利用和土地利用/覆被变化可以直接影响陆地生态系统与大气之间温室气体交换及碳循环过程。土地利用/覆被变化对 19 世纪全球大气中 CO_2 含量的增加具有重要作用,其作用仅次于化石燃料的燃烧[②][③]。Houghton 等学者对大气中由于土地利用/覆被变化导致 CO_2 增加的机理和贡献率进行了研究,结果表明森林的砍伐和森林向农用地、草地的转变都会导致 CO_2 等温室气体由陆地生物圈向大气中大量释放[④]。受人口增长、经济发展等因素的影响,人类活动导致森林大面积减少、大气中 CO_2 浓度升高,加剧了全球的温室效应。农田向森林转换能够减少 N_2O 的排放量,湿地向耕作土壤转换可能增加或减少土壤向大气中排放 N_2O 量,这取决于转化后土壤的湿度[⑤]。有资料表明,我国的 CH_4 排放源主要来自稻田,约占全国 CH_4 总

① 李长生,肖向明,Frolking S,等:《中国农田的温室气体排放》,《第四纪研究》,2003 年第 5 期。

② Stuiver M. Atmospheric carbon dioxide and carbon reservoir change. Science,1978,199.

③ Houghton R A, Hobble J E, Mwllillo J M, et al. Changes in the carbon content of terrestrial biota and soils between 1860 and 1980: a net release of CO_2 to the atmosphere. Ecological Monography,1983,53.

④ Houghton R A. Releases of carbon to the atmosphere from degradation of forests in tropical Asia. Canadian Journal of Forest Research,1991,21.

⑤ 刘惠,赵平:《土地利用/覆被变化对土壤温室气体排放通量影响》,《山地学报》,2009 年第 5 期。

排放量的一半①。郝庆菊的研究结果表明沼泽湿地开垦为水田后 CH_4,N_2O 排放量降低,开垦为旱田后则由 CH_4 排放源转变为较弱的 CH_4 吸收汇,而 N_2O 排放显著增加。如果只考虑 CH_4 和 N_2O 两种气体的综合增温潜力,湿地开垦有助于降低温室效应②。1850—1990 年,土地利用变化导致 124 Pg 碳释放到大气中,约相当于同期化石燃料燃烧释放量的一半,其中108 Pg 碳来自于森林生态系统,其余 16 Pg 碳主要来自于中纬度草地的过度放牧和农田耕种③。

李颖等从宏观角度分析了江苏省土地利用方式变化的碳排放效应,结果表明建设用地和耕地是主要碳源,特别是建设用地对碳排放的贡献率高达 96％以上;林地(包含少量草地)是主要碳汇④。2008 年国土资源部设立的科研项目《土地利用规划的碳减排效应与调控研究》对我国 20 世纪 80 年代以来土地利用类型转变造成的碳排放进行了核算,能够为决策者从土地调控角度控制碳排放提供有益的启示⑤。

（二）土地利用渐变对温室气体排放的影响

农田系统 CO_2 排放主要是通过土壤和植被的呼吸作用将植被通过光合作用固定的 CO_2 排放到大气中;在厌氧条件下,土壤有机碳及一部分植被光合作用固定的碳则以 CH_4 的形式向大

① 李克让:《土地利用变化和温室气体净排放与陆地生态系统碳循环》,气象出版社,2002 年。

② 郝庆菊:《三江平原沼泽土地利用变化对温室气体排放影响研究》,中国科学院研究生院博士学位论文,2005 年。

③ Houghton R A, Hackler J L. Emissions of carbon forestry and land-use change in tropical Asia. Global Change Biol,1999,5.

④ 李颖、黄贤金、甄峰:《江苏省不同土地利用方式的碳排放效应分析》,《农业工程学报》,2008 年第 2 期。

⑤ 董祚继:《低碳概念下的国土规划》,《城市发展研究》,2010 年第 7 期。

气中释放[1];土壤的 N_2O 排放主要是在微生物参与下通过硝化和反硝化作用完成的[2]。

农田温室气体排放受到土壤温度、水分、光照、微生物等因素的影响,同时农田管理措施引起的土地利用渐变,如耕作方式、施肥技术等对温室气体排放也起到较显著的促进或抑制作用。

保护性耕作的核心内容是指少、免耕和秸秆还田。一般认为少、免耕一方面由于节省燃料而能够减少 CO_2 释放量;另一方面由于减缓了土壤有机质的分解速率,土壤呼吸作用减弱从而减少 CO_2 排放量[3]。但是美国德克萨斯州不同种植体系下的耕作试验却表明常规耕作转为免耕后虽然可以使土壤碳储量增加,但 CO_2 释放量与常规耕作相同甚至更多[4]。免耕还可能会增加 N_2O 的排放量[5]。翻耕或旋耕都会促进稻田 CH_4 排放,在无稻全年休闲地,CH_4 排放通量则最小[6][7]。

农田氮肥施用量的增加及由此引起的农业固氮和氮沉积增加导致大气中 N_2O 的浓度快速升高,含氮量相同的有机肥比无

① 江长胜:《川中丘陵区农田生态系统主要温室气体排放研究》,中国科学院研究生院博士学位论文,2005 年。

② 田慎重:《耕作方式及其转变对麦玉两熟农田土壤 CH_4,N_2O 排放和固碳能力的影响》,山东农业大学硕士学位论文,2010 年。

③ Lal R,Griffin M,Apt J. Managing soil carbon. Science,2004,304(4).

④ Franzluebbers A J,Hons F M,Zuberer D A. Tillage-induced seasonal changes in soil physical properties affecting soil CO_2 evolution under intensive cropping. Soil Tillage&Research,1995,34.

⑤ Bruce C. Ball,Albert Scott,John P Parker. Fields N_2O,CO_2 and CH_4 fluxes in relation to tillage,compaction and soil quality in Scotland. Soil Tillage & Research,1999,53.

⑥ 伍芬琳、张海林、李琳,等:《保护性耕作下双季稻农田甲烷排放特征及温室效应》,《中国农业科学》,2008 年第 9 期。

⑦ 胡立峰、李琳、陈阜,等:《不同耕作制度对南方稻田甲烷排放的影响》,《生态环境》,2006 年第 6 期。

机肥反硝化作用更加明显[①]。农田类型、氮肥种类和施用量都会影响氮肥施用对 N_2O 的排放。Bouwman 研究资料表明不同肥料类型与施用量对 N_2O 排放系数影响较大,其中尿素排放系数最低[②]。众多研究关注有机肥与氮肥配施以及单施氮肥对土壤 N_2O 排放的影响,研究结果差异较大。潘志勇等研究证实秸秆还田配施氮肥可以有效降低农田 N_2O 的排放通量[③];但有研究表明猪粪与尿素配施与单施尿素相比 N_2O 排放量要高 61%[④]。Jones 等观测试验表明增施有机肥土壤 CO_2 排放量是不施肥土壤的 1.6 倍[⑤];但是 Richand 研究表明长期增施氮肥能够降低土壤微生物的活性而减少 CO_2 的排放[⑥]。长期单施化肥与有机无机肥配施相比,CO_2 排放强度提高了 $55\% \sim 85\%$[⑦]。CH_4 排放量大小受施入有机肥的 C/N 比影响较大,随着含碳量和 C/N 比的降低而减少[⑧]。化学氮肥施用可以减少土壤 CH_4 的排放量,而施用有机肥能够显著增加原有机质含量低土壤 CH_4 的排

① 邹建文:《稻麦轮作生态系统温室气体(CO_2,CH_4 和 N_2O)排放研究》,南京农业大学博士学位论文,2005 年。

② Bouwman A F. Complication of a global inventory of emissions of nitrous oxide. Landbouwuniversiteit,1995.

③ 潘志勇、吴文良、刘广栋,等:《不同秸秆还田模式与氮肥施用量对土壤 N_2O 排放的影响》,《土壤肥料》,2004 年第 5 期。

④ Xing G X,Zhu Z L. Preliminary studies on N_2O emissions flux from upland soils and puddy soils in China. Nutrient Cycling in Agroecosystems,1997,49.

⑤ Jones S K,Rees R M,Skiba U M,et al. Greenhouse gas emissions from a managed grassland. Global and Planetary Change,2005,47(2−4).

⑥ Richard D. Chronic nitrogen additions reduce total soil respiration and microbial respiration in temperate forest soils at the Havard Forest Bowden. Forest Ecology and Management,2004,196.

⑦ 郑聚锋:《长期不同施肥条件下南方典型水稻土有机碳矿化与 CO_2,CH_4 产生研究》,南京农业大学博士学位论文,2007 年。

⑧ Denier Vander Gon HAC,Neue H U. Influence of organic matter incorporation on the methane emission from a wetland rice field. Global Biogeochemical Cycles,1995(9).

放量①。

二、土地利用变化对土壤碳储量的影响

(一)土地利用转换对土壤碳储量的影响

森林砍伐后转变为农田和草地,地上部生物量会明显减少,但土壤碳储量变化则比较复杂。土壤有机碳含量变化的方向和速率取决于诸多因子及土壤理化和生物过程②。Detwiler 认为森林的砍伐和燃烧不会导致土壤碳损失,有时还会使之增加,土壤碳减少的原因不是因为砍伐,而是因为砍伐后土地的利用,如砍伐后变为农田或草地③。据研究,热带森林转化为农田或放牧地后,碳贮量将减少 40％,而热带森林转变为牧场后,碳贮量将减少 20％④。巴西亚马孙河流域森林转变为农田后的第 1～2 年,表层(0～20 cm)土壤碳含量减少 25％,而转变为草地初期,碳含量的变化趋势相似,但 8 年之后,草地土壤碳储量能够恢复到转变前森林土壤碳储量⑤。

众多研究表明农田向森林、草地生态系统转换有利于增加土壤、植被中的有机碳储量。但是,碳在土壤中汇集的时间和速率差别很大,这与恢复植被的生产力和土壤物理、生物学状况及土壤有机质输入及物理干扰历史有关⑥。我国众多学者对退耕

---

① 齐玉春,董云社,章申:《华北平原典型农业区土壤甲烷通量研究》,《农村生态环境》,2002 年第 3 期。

② 杨景成,韩兴国,黄建辉,等:《土地利用变化对陆地生态系统碳储量影响》,《应用生态学报》,2003 年第 8 期。

③ Detwiler R P. Land use change and the global carbon cycle: the role of tropical soils. Biogeochemistry,1986,2.

④ Detwiler R P, Hall C A. Tropical forest and the global cycles. Science, 1988,239.

⑤ Jener L M,Carlos C C,Jerry M M,et al. Soil carbon stocks of the Brazilian Amazon Basion. Soil Sci Soc Am J,1995,59.

⑥ 杨景成,韩兴国,黄建辉,等:《土地利用变化对陆地生态系统碳储量影响》,《应用生态学报》,2003 年第 8 期。

还林后土壤碳储量变化进行了研究,结果表明退耕还林初期,土壤有机碳储量表现出下降趋势,随后逐渐恢复甚至高于农田土壤碳储量[1][2]。有关耕地向草地转换对土壤碳储量影响的研究较少。Gebhart 发现美国中部平原地区的耕地转换为草地之后,厚度为 30 cm 的土壤中有机碳含量增加 110 $g/m^2 \cdot a$[3]。

草地转换为耕地或林地后,地上部生物量与土壤层的变化情况不尽相同。草地转换为耕地后,地上部生物量变化不大,但是土壤层由于受到人类活动的干扰而遭到破坏,引起土壤耕作层碳损失。Wang Yang 等研究发现有机碳流失主要发生在耕层30 cm深度,30 cm 以下有机碳没有发生变化[4]。草地转换为人工林地后,土壤有机碳储量迅速降低,主要是由于造林过程中对土壤的干扰造成的,但随着地表植被和落叶等残体的增加,土壤碳储量会不断增加至林地土壤碳储量水平。

(二)土地利用渐变对土壤碳储量的影响

目前国内外关于土地利用渐变对土壤碳储量的研究多集中在森林火烧与恢复、农田管理措施变化等方面。在森林恢复过程中,固氮物种和化肥(氮肥、磷肥)的施用能够显著增加土壤碳汇集[5][6]。

----

① 白雪爽,胡亚林,曾德慧,等:《半干旱沙区退耕还林对碳储量和分配格局的影响》,《生态学杂志》,2008 年第 10 期。

② 王春梅,刘艳红,邵彬,等:《量化退耕还林后土壤碳变化》,《北京林业大学学报》,2007 年第 3 期。

③ Gebhart D L. The CRP increases in soil organic carbon. Journal of Soil and Water Convertion,1994,49.

④ Wang Yang,Amundson,Susan E Trumbove. The impacts of land-use change on C turnover in soils. Global Biogeochemical Cycles,1999,13(1).

⑤ Nohrstedt H-ö,Arnebrant K,Bääth E,et al. Changes in carbon content, respiration rate,ATP content,and microbial biomass in nitrogen fertilized pine forest soils in Sweden. Can J For Res,1989,19.

⑥ Schiffman P M,Johnson W C. Phytomass and detrital storage during forest regrowth in the southeastern United States Piedmont. Can J For Res,1990,19.

但是土壤碳汇集速率差异较大,主要是由农田恢复前耕种历史及其空间异质性引起的[①]。Johnson 等总结了 48 个火烧后森林有机碳的变化,结果表明在 10 年后土壤有机碳增加,在短期内则没有影响[②]。

农田管理措施(耕作、施肥、种植制度等)不仅决定了土地利用的经济潜力,而且可以通过改变土壤湿度和温度、根系生长状况、作物残茬数量和质量影响土壤微生物量及其活性,最终影响土壤有机质。研究表明,合理的农业措施可以提高土壤碳储量,使之成为碳汇。王成已等收集了 48 篇关于保护性耕作对农田表土有机碳含量变化的文献,统计分析后的结果表明,长期保护性耕作下,农田表土有机碳含量总体呈上升趋势;和少免耕相比,秸秆还田更有利于促进表土有机碳积累,因此实行保护性耕作具有农业稳产与土壤固碳的双重意义[③]。但也有研究表明,免耕与少耕对提高土壤碳贮量作用不明显[④]。合理轮作可以加速土壤碳汇集,在轮作中加入常绿牧草可增加土壤碳含量,且不同作物间的轮作对土壤碳汇集影响不同,如水稻连作土壤碳汇集高于水稻/玉米轮作[⑤]。化肥施用通过两条途径改变土壤有机

①　Post W M,Kwon K C. Soil carbon sequestration and land-use change: processes and potential. Global Change Biol,2000,6.

②　Johuson C E,Johuson A H,Huntington T G. Whol-tree clear-cutting effects on soil horizons and organic matter pools. Soil Science Society of America Journal,1991,55.

③　王成已,潘根兴,田有国:《保护性耕作下农田表土有机碳含量变化特征分析——基于中国农业生态系统长期试验资料》,《农业环境科学学报》,2009 年第 12 期。

④　Campbell C A,McConkey B G,Zentner R P,et al. Long-term effects of tillage and rotations on soil organic C and total N in a lay soil in southwestern Saskatchewan. Can J Soil Sci,1996,76.

⑤　Witt C,Cassman K G,Olk D C,et al. Crop rotation and residue management effects on carbon sequestration,nitrogen cycling and productivity of irrigated rice systems. Plant Soil,2000,225.

质动态和碳贮量:一是能够提高作物产量,增加土壤中作物残茬等有机质输入;二是影响土壤微生物量及其活性,进而影响土壤呼吸。化肥施用能够增加作物产量,提高土壤有机碳储量,但如果过分依赖化肥,在提高土地利用强度的同时忽视了有机肥的施用,也会使土壤肥力下降[1]。需要注意的是,化肥生产是以燃烧化石燃料为代价的,每生产 1 单位的氮肥要释放 1~1.5 单位的碳[2]。

第三节　生命周期评价研究进展

1990 年由国际环境毒理学与化学学会（The Society of Enviornmental Toxicology and Chemistry,SETAC）首次主持召开了有关生命周期评价的国际研讨会,在该会议上首次提出了生命周期评价（life cycle assessment,LCA）的概念。1993 年国际标准化组织(ISO)正式将生命周期评价纳入 ISO 14000 国际标准。生命周期评价强调对产品或服务"从摇篮到坟墓"整个生命周期对环境的影响进行评价,包括能源利用、土地占用及污染物排放等,最后以总量形式反映产品或服务对环境的影响。生命周期评价已经作为一种环境管理工具,成为近年来环境科学研究的热点。

生命周期评价的研究对象和应用领域目前还主要涉及工业生产和工业产品,工业领域均已建立各自的研究框架[3][4]。国外

---

① 孟磊,蔡祖聪,丁维新:《长期施肥对土壤碳储量和作物固定碳的影响》,《土壤学报》,2005 年第 5 期。

② Janzen H H,Campbell C A,Ellert B H,et al. Management effects on soil C storage in the Canadian prairies. Soil Tillage Res,1998,47.

③ Rebitzera G J,Kusters H,Kuhlmann,et al. Life cycle assessment part 1: framework,goal and scope definition,inventory analysis,and application. Environment International,2004,30.

④ 王寿兵:《中国复杂工业产品生命周期生态评价》,复旦大学博士学位论文,1999 年。

不少学者将其引入农业领域,开展了农产品或农业措施的生命周期评价[1]。Charles 等采用生命周期评价方法分析了不同种植密度的小麦生产对环境的影响[2];Brentrup 等采用生命周期评价方法分析了不同施肥方式下甜菜生产对环境的影响[3],结果表明生命周期评价方法是适合对农业生产进行环境影响评价的;Lal 采用生命周期评价方法对耕作、灌溉、播种、收获及运输等主要碳源和肥料、杀虫剂等次要碳源产生的碳排放量进行了估算[4];Lanier 等采用生命周期评价方法对美国阿肯色州 6 种主要农作物在 63 种不同农业生产实践中造成的碳排放量进行了估算,为该地区对温室气体排放总量的管制与交易提供了依据[5]。

农业生命周期评价在我国起步较晚,但已经取得部分研究成果。杨印生等从可持续发展观点出发,结合国外农业 LCA 研究的现状,首次概括了农业 LCA 的定义、阶段步骤及技术体系[6]。

---

[1]　Brentrup F. Environmental impact assesment of agricultural production systems using the life cycle assessment methodology 1: theoretical concept of a LCA method tailored to crop production. European Journal of Agronomy,2004,20.

[2]　Charles R,Jolliet O,Gaillard G,et al. Environmental analysis of intensity level in wheat crop production using life cycle assessment. Agriculture Ecosystems and Environment. 2006,113.

[3]　Brentrup F,Küsters J,Kuhlmann H,et al. Application of the life cycle assessment methodology to agricultural production: an example of sugar beet production with different forms of nitrogen fertilisers. European Journal of Agronomy, 2001,14.

[4]　Lal R. Carbon emission from farm operations. Environment International, 2004,30.

[5]　Lanier Nalley,Mike Popp,Corey Fortin. How a cap-and-trade policy of green house gases could alter the face of agriculture in the South: a spatial and production level analysis. The Southern Agricultural Economics Association Annual Meeting,2010.

[6]　杨印生,盛国辉,吕广宏:《我国开展农业 LCA 研究的对策建议》,《中国软科学》,2003 年第 5 期。

孙赵华在剖析循环农业系统的结构和运行机理及农业 LCA 技术体系的基础上,构建了循环农业 LCA 技术体系及系统的一般结构模式①。梁龙等尝试建立农业生命周期评价框架,以河北栾城冬小麦为例,介绍了农业生命周期评价方法和程序②。王明新等应用生命周期评价方法,对华北平原冬小麦在两种不同管理措施(常规管理措施和推荐管理措施)下进行生命周期资源消耗与污染物排放清单分析,并在此基础上进行了生命周期环境影响评价③。目前我国农业生命周期评价还处于起步阶段,科学研究也还停留在概念的界定及研究方法体系的构建上,相关参数也是借鉴国外的研究成果。今后应逐步构建适合我国国情的产品生产或服务的生命周期清单,加强该方法应用于农业领域研究的广度和深度,不断完善研究体系。

通过对国内外能源消费碳排放、土地利用变化对温室气体排放和土壤碳储量的影响等相关文献的回顾,可以看出虽然已有文献的研究内容较深入,研究范围较宽广,但是尚存在一些欠缺:其一,关于土地利用变化碳排放效应的研究,不同学科目前仅是针对各自领域进行了不断深入的研究,与其他学科还未实现融合。土地利用变化是一个涵盖面非常广的概念,因此还缺乏一个系统的分析框架来进行理论分析和实证检验。其二,土地利用变化对温室气体排放或土壤碳储量的影响多是通过长期定位观测和试验获取结论,研究方法在一定程度上限制了社会学科对其进行研究;而且多是以某一地区,甚至某一试验地作为

---

① 孙赵华:《循环农业 LCA 技术体系研究——以吉林省为例》,吉林大学博士学位论文,2009 年。

② 梁龙、陈源泉、高旺盛:《我国农业生命周期评价框架探索及其应用——以河北栾城冬小麦为例》,《中国人口·资源与环境》,2009 年第 5 期。

③ 王明新、包永红、吴文良、等:《华北平原冬小麦生命周期环境影响评价》,《农业环境科学学报》,2006 年第 5 期。

研究区域,研究结论适用范围较窄。

　　本书拟在已有研究基础上对土地利用变化产生的碳排放效应进行系统的研究和分析,以期为我国发展低碳经济提供参考路径。首先构建一个系统的土地利用变化碳排放效应理论分析框架,然后在分析框架指导下分别从宏观、中观和微观三个层面进行分析。宏观层面通过将能源消费行业与土地利用类型相对应,可以实现对土地非农化这一过程引起的碳排放量的估算,从而为面向低碳经济的土地利用规划和布局提供参考。中观层面分析土地利用结构调整对碳排放的影响:建设用地产业结构调整对碳排放的贡献,为地区确定低碳节能的产业发展方向提供参考。农用地种植业结构调整对农田系统碳净吸收时空变化特征的影响,为地区确定农业生产方向提供参考。微观层面,引入产业生态学评价方法——生命周期评价法,从而能够对比分析不同农田施肥技术产生的温室效应差异,为推广农业节能减排技术提供依据。最后,在上述三个层面分析的基础上,对如何通过土地利用变化,包括土地利用类型转换、土地利用结构调整、土地利用技术变化等减少碳源、增加碳汇提出一些政策建议,为减缓温室效应提供一条新路径,从而促进我国低碳经济的发展。

第三章　理论基础与分析框架

　　本章是全书研究的理论基础,主要包括三部分:首先对相关概念进行界定,特别是对一些尚未得到学术界一致认可、理解存在偏差和研究目的不同侧重点也不同的概念的界定是非常重要的;然后梳理研究过程中可能需要借鉴的相关理论,从而保证研究内容做到"有理可依";最后根据研究目标,构建不同层面土地利用变化碳排放效应的理论分析框架,用以指导后面章节关于土地利用变化碳排放效应的实证研究。

第一节　相关概念界定

一、土地利用/覆被变化

　　国际地圈—生物圈计划(International Geosphere-Biosphere Programme,IGBP)和国际全球环境变化的人文领域计划(International Human Dimensions Programme on Global Environmental Change,IHDP)于 1995 年联合提出了"针对人类活动和全球变化间的人和生物驱动影响土地利用与土地覆被及其对环境和社会的影响"的"土地利用/土地覆被变化"(Land Use and Land Cover Change,LUCC)研究计划,从而使土地利用变化研究成为全球变化研究的前沿和热点问题①。在此基础上，2005年启动了全球土地计划（Global Land Project，GLP），强调陆地系统中人类—环境耦合系统的综合集成与模拟研究，以此为核心的土地利用/覆被动态监测与模拟逐渐成为研究者关注的新的焦点问题②③④。

土地利用与土地覆被是两个既有联系又有区别的概念。土地利用是人类根据土地的特点，按照一定的经济、社会目的，采取一系列生物和技术手段，对土地进行长期性或周期性的经营活动，是一个将土地从自然生态系统变为人工生态系统的过程。土地覆被是指自然营造物和人工建筑物所覆盖的地表诸要素的综合体，包括地表植被、土壤、湖泊及建筑物等，具有特定的时间和空间属性，其形态和状态可在多种时空尺度上变化⑤。

土地利用/覆被变化可划分为两类：转换（conversion）与渐变（modification）（改造与变异或用途转移与集约度变化⑥）。转换是指一种土地利用类型向另一种土地利用类型的改变，如林地转变为农田或草地等；渐变则是指同一种土地覆被类型内部条件的变化，如对森林进行采伐、农田施肥等农田管理措

————————

① Turner B L Ⅱ, Skole D, Fisher G, et al. Land-use and land-cover change: science/research plan. IGBP Report No. 35 and IHDP Report No. 7. Stockholm and Geneva, 1995.

② IGBP Secretariat. GLP(2005) science plan and implementation strategy. IGBP Report No. 53/IHDP Report No. 19, 2005.

③ Turner B L Ⅱ, Lambin E F, Reenberg A. The emergence of land change science for global environmental change and sustainability. PNAS, 2007, 104(52).

④ 刘纪远，张增祥，徐新良，等：《21世纪初中国土地利用变化的空间格局与驱动力分析》，《地理学报》，2009年第12期。

⑤ 史培军，宫鹏，李晓兵，等：《土地利用/土地覆被变化研究的方法与实践》，科学出版社，2000年。

⑥ 李秀彬：《土地利用变化的解释》，《地理科学进展》，2002年第3期。

施①。还有学者指出,除了渐变和转换,还应包括一种土地覆被的"维持"(maintaining),并认为它更应受到重视②。土地利用对土地覆被的影响通过土地覆被的渐变、转换或维护表现出来;土地覆被变化又通过环境影响反馈到土地利用变化的驱动力;土地覆被变化经过累积作用影响气候变化;气候变化又反馈到土地覆被的生态系统,通过环境影响对土地利用变化驱动力产生作用③。

二、土地利用碳排放

土地利用碳排放包括直接碳排放和间接碳排放,其中土地利用直接碳排放又可以细分为土地利用类型转变的碳排放和土地利用类型保持的碳排放。土地利用类型转变的碳排放指生态系统类型更替造成的碳排放,如林地转换为耕地、农用地转换为建设用地等;土地利用类型保持的碳排放指土地利用类型内部条件变化造成的碳排放,如农田管理方式转变等。土地是具有承载功能的,人类的活动,包括经济建设、城市扩展和能源消耗等活动都与土地利用密切相关,并且最终都要落实到不同的土地利用方式上④。土地所承载的人类活动引起的碳排放就属于土地利用间接碳排放。土地利用碳排放的分类见图 3-1。

本书探讨的不同土地利用变化类型产生的碳排放效应,其具体定义如下:(1) 宏观层面土地非农化碳排放效应特指我国在经济社会快速发展过程中,农用地转变为非农产业部门建设

---

① Turner B L Ⅱ,Meyer W B,Skole D L. Global land-use/land-cover change: towards an integrated program of study. Ambio,1994,23(1).

② 倪绍祥:《土地利用/覆被变化研究的几个问题》,《自然资源学报》,2005 年第 6 期。

③ 摆万奇,柏书琴:《土地利用和覆盖变化在全球变化研究中的地位与作用》,《地域研究与开发》,1999 年第 4 期。

④ 赵荣钦,刘英,郝仕龙,等:《低碳土地利用模式研究》,《水土保持研究》,2010 年第 5 期。

```
                                        ┌─────────────┐
                           ┌───────────→│ 农用地转成   │
              ┌──────────┐ │            │ 建设用地     │
              │土地利用类型│─┤            └─────────────┘
              │转变的碳排放│ │            ┌─────────────┐
              └──────────┘ └───────────→│ 林地转成     │
         ┌─────────┐                     │ 耕地/草地等  │
      ┌─→│直接碳排放│                     └─────────────┘
      │  └─────────┘                     ┌─────────────┐
      │           │        ┌───────────→│ 农田管理措施 │
      │           │        │            │ 变化(耕作、施肥、│
      │           │        │            │ 种植、灌溉变化)│
      │           │ ┌──────┴───┐        └─────────────┘
      │           └→│土地利用类型│        ┌─────────────┐
      │             │保持的碳排放│───────→│ 森林砍伐、草原│
┌─────────┐         └──────────┘        │ 放牧等       │
│土地利用碳 │                            └─────────────┘
│排放      │─┤                           ┌─────────────┐
└─────────┘ │                     ┌────→│ 二、三产业用地│
      │     │                            │ 配置变化     │
      │     │                            └─────────────┘
      │  ┌─────────┐   ┌──────────────────────────────┐
      └─→│间接碳排放│──→│ 土地承载人类活动引起的碳排放:  │
         └─────────┘   │ 工矿用地承载产业能源消耗碳排放 │
                       │ 交通用地承载交通工具尾气排放   │
                       │ 居民点生活取暖碳排放          │
                       │ ……                           │
                       └──────────────────────────────┘
```

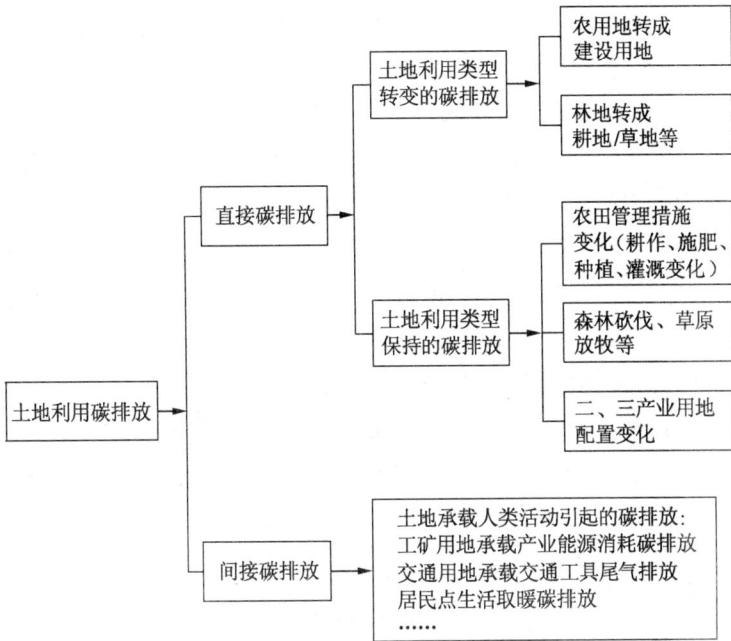

图 3-1　土地利用碳排放的分类

用地后碳排放量变化,指的是土地利用类型转换引起的碳排放变化,从能源消耗角度考虑又属于间接碳排放。(2)中观层面土地利用结构调整碳排放效应分为两类:一类是建设用地产业结构调整,主要用建设用地所承载的不同产业类型(二产和三产)变化导致的能源消耗量变化来衡量,土地利用变化类型属于土地利用保持,从能源消费角度考虑属于间接碳排放;另一类是农用地内部种植业结构调整,指耕地内部粮食作物播种面积与经济作物播种面积的调整,采用农田系统碳吸收/排放量变化来衡量,土地利用碳排放属于直接碳排放中的土地利用保持碳排放。(3)微观层面土地利用技术变化指农业生产过程中,农户采用不同施肥技术(传统施肥技术、测土配方施肥技术)对温室气体排放的影响,土地利用类型属于土地利用保持,从化肥的生命周期对能源消耗角度考虑属于间接碳排放。

三、碳源、碳汇、碳库

《联合国气候变化框架公约》(United Nations Framework Convention on Climate Change, UNFCCC)将温室气体"源"定义为任何向大气中释放温室气体、气溶胶或其前体物质的过程、活动或机制,还可指一种能量的源;"汇"是指从大气中清除温室气体、气溶胶或温室气体前体的过程、活动或机制,如植被、海洋和土壤对温室气体的吸收、储存及大气中对温室气体进行分解转化的光化学清除机制等几方面[①]。

碳源(carbon source)与碳汇(carbon sink)是两个相对的概念。根据 UNFCCC 的定义,"碳源"就是指向大气中释放 CO_2 的过程、活动和机制;"碳汇"就是指清除大气中 CO_2 的过程、活动和机制。

IPCC 定义的"库"的概念是:库如果在一定时间段内流入碳的数量比流出的多,且相关系统是从大气中净吸收碳,则是"汇",反之则为"源"。在碳循环分析中,库指能积累或排放碳的所有系统。地球上碳库主要包括四个:大气、海洋、陆地生物圈和岩石圈碳库。

本书中建设用地是能源消耗碳排放的主要用地类型,因此是作为碳源考虑的,并从能源消费角度核算其碳排放;而农用地是作为碳库(carbon pool)考虑的,因为其既是碳源又是碳汇:一方面,农作物生长期内通过光合作用固定大气中的碳素而成为"碳汇";另一方面,土壤、植被呼吸等作用及农业机械使用能源消耗等过程释放温室气体而成为"碳源"。

---

① UN Doc. Compilation of Resource from Parties on issues related to sinks. FCCC/AGBM/1997/INF. 2, 1997.

四、能源消耗

本书提到的能源消耗（energy consumption）是指我国各产业在生产过程中燃烧化石能源、释放温室气体的过程。考虑的终端化石能源消耗类型包括原煤、洗精煤、其他洗煤、型煤、焦炭、焦炉煤气、其他煤气、原油、汽油、煤油、柴油、燃料油、液化石油气、炼厂干气、其他石油制品、其他焦化产品和天然气，共17种能源类型；各省（市、区）能源消耗数据来自历年《中国能源统计年鉴》。终端能源消耗未考虑电力、热力，因为它们是二次能源，本身并不直接产生碳排放，产生的碳排放均来自生产其过程中对化石能源的消耗，如果考虑在内就会存在重复计算的问题。

本书中土地非农化、建设用地产业结构调整，以及土地利用技术变化对碳排放的影响都是直接或间接的通过能源消耗碳排放量来衡量的。

五、碳足迹

碳足迹（carbon footprint）作为衡量人类活动对环境的影响和压力程度的指标，近年来成为生态学研究的热点。碳足迹源于生态足迹的概念，但是却有其特有的含义，即考虑了全球变暖潜力（global warming potential，GWP）的温室气体排放量的一种表征[①]。但是目前它还缺乏一个统一的定义。对碳足迹的理解有两种：一种是以量的概念来衡量，即定义为人类活动产生的直接的和间接的碳排放量[②][③]；另一种是以面积来衡量，将碳足迹看作生态足迹的一部分，即化石燃料燃烧释放的 CO_2 所需的

---

① 耿涌，董会娟，郗凤明，等：《应对气候变化的碳足迹研究综述》，《中国人口·资源与环境》，2010年第10期。

② Energetics. The reality of carbon neutrality. http://www.energetics.com.au/file? node_id=21228,2007.

③ ETAP. The carbon trust helps UK businesses reduce their environmental impact, press release. http://ec.europa.eu/environment/etap/pdfs/jan07 carbon trust initiative. pdf,2007.

生态承载力[①②]。Wiedmann 等在比较分析已有研究的基础上,将碳足迹定义如下:碳足迹是"对某种活动引起的(或某种产品生命周期内积累的)直接或间接 CO_2 排放量的度量",并明确指出碳足迹是对 CO_2 排放量的衡量,用重量单位表示[③]。Hammond、欧盟等国学者和组织也都认为碳足迹应以重量单位来表示[④⑤]。中国环境与发展国际合作委员会与世界自然基金会发布的《中国生态足迹报告》是以面积来衡量碳足迹的[⑥];赵荣钦等、谢鸿宇[⑦⑧]等研究也采用这种理解。

本书对不同地类所承载产业由于能源消耗而产生的碳足迹采用第二种理解,将其定义为生态足迹的一部分,用生产性土地面积(包括林地、草地)来度量对经济规模主体的能源消费产生碳排放量的吸收水平。

六、碳排放强度

碳排放强度(carbon intensity)是指单位国内生产总值的碳排放量,简称碳强度。碳强度可以用一个国家或地区一定时间

① Global Footprint Network. Ecological footprint glossary. http:∥www. footprint network. org/gfn_sub. php? content＝glossary,2007.

② 谢鸿宇,陈贤生,林凯荣,等:《基于碳循环的化石能源及电力生态足迹》,《生态学报》,2008 年第 4 期。

③ Wiedmann T,Minx J. A definition of "carbon footprint". In:Pertsova C C,Ecological Economics Research Trends:Chapter 1, 1～11. Nova Science Publishers,2008.

④ Hammond G. Time to give due weight to the "carbon footprint" issue. Nature,2007,445(7125).

⑤ JRC European Commission. Carbon footprint:what it is and how to measure it. http:∥lca. jrc. ec. europa. eu/Carbon_footprint. pdf,2007.

⑥ http:∥www. wwfchina. org/wwfpress/publication/shift/2010LPR_cn. pdf.

⑦ 赵荣钦,黄贤金,钟太洋:《中国不同产业空间的碳排放强度与碳足迹分析》,《地理学报》,2010 年第 9 期。

⑧ 谢鸿宇:《基于碳循环的化石能源及电力生态足迹》,《生态学报》,2008 年第 4 期。

内的碳排放量与国内生产总值之比来表示。当该指标较大时，表示创造单位产值能源消耗碳排放量较多。碳强度主要受能源效率、能源结构的影响，一些宏观因素，如经济发展阶段、产业结构、技术水平等因素也有一定的影响。

另外，还有两个相关概念值得注意：能源强度指的是单位国内生产总值的能源消耗量，反映的是经济发展与能源消耗的关系；能源结构碳强度反映的是由于能源消耗种类不同，产生的碳排放量也是不同的，可以用碳排放量与能源消耗量比值表示，该指标可以用来衡量能源消费结构优化程度。

七、生命周期评价

目前，生命周期评价的定义有多种提法，归结不同概念，可以定义为：对一种产品及其包装物、生产工艺、原材料、能源或其他某种人类活动行为的全过程，包括原材料的采集、加工、生产、包装、运输、消费和回收及最终处理等，进行资源和环境影响的分析与评价[1]。生命周期评价的概念框架包括两种：环境毒理学与化学学会概念框架和 ISO 14000 系列标准的概念框架。

SETAC 将生命周期评价基本结构归纳为四个有机联系的部分（见图 3-2）：定义目标与确定范围、清单分析、影响评价和改善评价。

（1）定义目标与确定范围：定义目标就是明确开展此项生命周期评价的目的、原因和研究结果可能应用的领域；研究范围的确定应保证能够满足研究目的，包括定义研究的系统、确定系统边界、说明数据要求、指出重要假设和限制等。

---

① 邓南圣，王小兵：《生命周期评价》，化学工业出版社，2003 年。

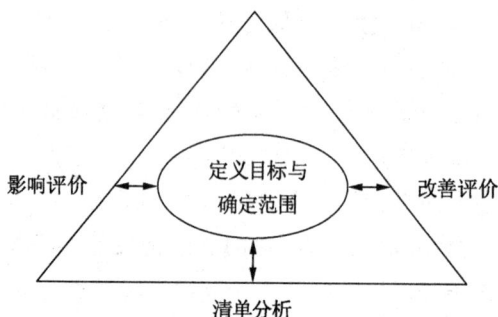

图 3-2　SETAC 生命周期评价框架

（2）清单分析：对一种产品、工艺和活动在其整个生命周期内的能量与原材料需要量、对环境的排放（包括废水、废弃、废渣及其他环境释放物）进行量化的过程。该分析评价贯穿于产品的整个生命周期，即原材料的提取、产品加工、制造和销售、使用和用后处理。

（3）影响评价：对清单分析阶段所识别的环境影响压力进行定量或定性的表征评价，即确定产品系统的物质和能量交换对其外部环境的影响，包括对生态系统、人体健康及其他方面的影响。

（4）改善分析：系统评估该产品或服务在整个生命周期内削减能源消耗、原材料使用，以及对环境的释放物的需求和机会。分析方法包括定量分析与定性分析，如改变产品结构、改变制造工艺等。

ISO 于 1997 年 6 月颁布了 ISO 14040 标准，在 SETAC 框架基础上做了一些改动，将生命周期评价分为互相联系的、不断重复进行的四个步骤（见图 3-3）：目的与范围的确定、清单分析、影响评价和结果解释。ISO 对 SETAC 框架的一个重要改进是去除了改善评价阶段，因为 ISO 认为改善是开展评价的目的，而不是本身必经的阶段；同时增加了生命周期解释环节，对前三个互相联系的步骤进行解释，并且是双向解释，需要不断进行调整[1]。

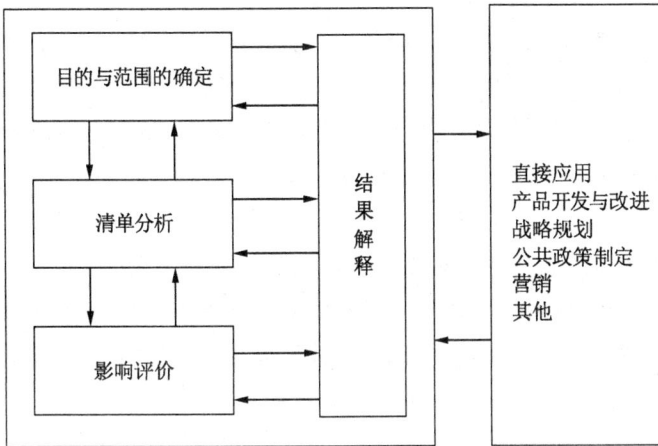

图 3-3 ISO 生命周期评价框架

目前，已有研究成果所采用的评价框架不同，如李贞宇采用 SETAC 评价框架[2]；梁龙等采用 ISO 评价框架[3]。本书将采用改进的 ISO 评价框架对农户采用不同施肥技术造成的温室效应进行分析。

第二节 理论基础

目前直接且明确地针对土地利用变化的理论和机理模型还

① 杨建新：《产品生命周期评价方法及应用》，气象出版社，2002 年。

② 李贞宇：《我国不同生态区小麦、玉米和水稻施肥的生命周期评价》，河北农业大学硕士学位论文，2010 年。

③ 梁龙，陈源泉，高旺盛：《我国农业生命周期评价框架探索及其应用——以河北栾城冬小麦为例》，《中国人口·资源与环境》，2009 年第 5 期。

不多①。结合土地利用对环境和生态的作用,本书将借鉴一些直接或间接涉及土地利用变化生态环境效应的理论。

一、人地关系理论

"人地关系"中,"人"指社会性的人,是从事各种生产活动和社会活动的人;"地"指与人类从事的生产活动和社会活动相联系的地理环境,其不仅仅是指自然地理环境,也包括经过人类改造的地理环境,即经济、社会、文化地理环境。

"人地关系"的演化取决于人类这个主体与其周围环境这个客体之间的质与量的对比关系。人类为了生存和发展,不断利用与改造地理环境,并且不断增强适应环境的能力,同时地理环境也深刻影响着人类活动,这个过程是一个漫长的、由量变到质变的过程。这种人类与地理环境之间相互影响的关系称为"人地关系",而反映人地关系认识的理论称为"人地关系论"。

在不同思想的影响下,伴随着人类社会的发展,人地关系论出现了不同的理论观点②③④,主要包括:(1)环境决定论,该观点认为地理环境对人类生理机能、心理状态、社会组织和经济发达程度都有影响,并决定着人类的迁移和分布,该观点从成型开始便遭到强烈的批评;(2)或然论(可能论),该观点认为自然为人类的居住规定了界线,并提供了可能,但人类可以按照自己的生活方式对这些条件做出反应和适应,该观点强调了人类的选择和创造力;(3)适应论,该观点认为自然环境与人类活动

---

① Lambin E F, Baulies X, Bockstael N, et al. Land-use and land-cover change (LUCC)—implementation strategy. IGBP Report 48 & IHDP Report 10. IGBP: Stockholm, 1999.

② 王爱民,缪磊磊:《地理学人地关系研究的理论评述》,《地理科学进展》,2000 年第 4 期。

③ 方创琳:《中国人地关系研究的新进展与展望》,《地理学报(增刊)》,2004 年。

④ 舒帮荣:《基于约束性模糊元胞自动机的城镇用地扩展模拟研究》,南京农业大学博士学位论文,2010 年。

之间存在相互作用关系,地理学应该研究"人类对自然环境的反应",强调了人类对环境的认识和适应;(4)景观论,该观点认为人是地表景观形成的主要力量,应通过景观辨识、景观分类、景观设计等建立景观研究体系,以此考证地表可见的和可感知的事物的人地关系;(5)和谐论,该观点认识到了人类与自然环境之间对立统一的相互关系,认为人类和环境子系统是人地系统中不可分割的组成部分,两者相互制约、相互促进、相辅相成,只有两者相互协调才能实现人类和环境的和平共处。和谐论是目前人地关系理论的主流思想,为人类正确处理与地理环境之间的关系提供了理论指导。

随着工业化和城市化的快速发展,人类对自然资源开发、利用和改造的规模、深度和速度都在不断加快。由于土地资源是不可再生资源,是人类生存和发展的基础保障,人类在利用过程中必须集约节约可持续利用,做到经济效益、社会效益与生态效益三效益的综合提高。目前由于不合理的土地利用而产生的生态环境问题也日趋突出,如水土流失、土地沙化、土壤污染等。特别是在我国"耕地资源十分稀缺"的基本国情下,经济发展需要土地,人口增加需要土地,这无疑会造成大量农地资源转为非农建设用地,其后果一方面是生态用地减少,对生态环境保护构成威胁;另一方面对化石能源的间接需求增加,能源消耗向大气中排放的温室气体增加,进而加剧了温室效应。我国目前处于经济快速发展的进程,农地非农化是一个必经阶段,而且随着经济的快速发展将会有加速的趋势[1]。因此,在这样一种人地关系背景下,如何通过集约高效用地、调整用地结构、合理控制建设用地总量等措施实现面向低碳经济的低碳土地利用模式成为目前我们研究的重点。

---

① 曲福田,陈江龙,陈会广:《经济发展与中国土地非农化》,商务印书馆,2007年。

二、可持续发展理论

随着人类社会的发展,特别是工业革命以后,社会生产力和科学技术的飞速发展给人类创造了前所未有的物质财富,但是也造成了日益严重的生态环境问题,迫使人类不得不重新考虑一种新的发展模式,即可持续发展。可持续发展最早是在1980年国际自然与自然资源保护同盟和世界野生生物基金会发表的《世界自然资源保护大纲》中提出的。1987年世界环境与发展委员会在《我们共同的未来》报告中将可持续发展明确定义为"既满足当代人的需要,又不对后代人满足其需要的能力构成危害的发展"。

可持续发展理论虽然缘起于环境保护问题,但是它将环境问题与发展问题结合起来,超越了单纯的环境保护,已经成为一个关于经济社会发展的全面战略,具体包括经济发展可持续、社会发展可持续和生态发展可持续。(1)在经济可持续发展方面,不再仅仅注重经济发展的数量,而是更多地关注经济发展的质量,因此要求改变传统的"高投入、高消耗、高污染"为特征的生产和消费模式,实行清洁生产和文明消费,提高效益,节约能源和减少废物。(2)在社会可持续发展方面,强调可持续发展要以改善和提高人类生活质量为目的。各国所处发展阶段不同,发展的具体目标也不相同,但发展的本质应包括改善人类生活质量、提高人类健康水平,并创造一个保障人们平等、自由、教育、人权和免受暴力的社会环境。(3)生态可持续发展方面,要求经济、社会发展要以保护自然为前提,要与资源与环境承载力相协调。因此,发展的同时需要控制污染、改善环境质量、保护生命支持系统、保护生物多样性,保证以可持续的方式使用自然资源,将发展控制在地球承载能力范围之内①。

---

① 曲福田:《资源经济学》,中国农业出版社,2001年。

　　可持续发展的生态学理论包括高效原理、和谐原理和自我调节原理。高效原理即能源的高效利用和废弃物的循环再生产。土地资源是人类生活和生产不可缺少的自然资源，既是自然资源和社会经济资源的载体，又是经济社会发展的基础。因此要保障国家或区域经济、社会和生态的可持续发展，就必须保障土地资源的可持续利用。从土地的功能看，土地资源不仅能提供生产和服务功能，而且还具有重要的生态保护功能。因此需要在生态保护前提下，优化配置建设用地，合理控制农地非农化数量；从能源消费角度看，建设用地的增多是增加了碳源，而农用地的减少则是减少了碳汇，这对应对全球气候变化、减少温室气体排放是不利的，因此在利用土地资源过程中，需要优化土地利用结构，提高土地利用效益，节约集约用地，深挖建设用地潜力，合理控制农地非农化数量，这对实现土地资源的可持续利用是必需的。

　　三、区域经济发展阶段理论

　　经济发展过程中量的变化和质的飞跃使区域经济发展呈现不同的阶段性[①]。关于经济发展阶段的划分标准目前还不统一，不同的学者从不同的角度对经济发展阶段进行了划分[②③]。目前国际上较有影响的划分经济发展阶段的理论有克拉克的三次产业理论、钱纳里工业化阶段理论、罗斯托的经济成长阶段理论、库兹涅茨人均收入理论及刘易斯的城乡二元经济发展理论等。克拉克三次产业理论指出，"随着经济的发展，一产国民收

---

　　①　李娟文，王启仿：《区域经济发展阶段理论与我国区域经济发展阶段现状分析》，《经济地理》，2000 年第 4 期。

　　②　赵翠薇，濮励杰，孟爱云，等：《基于经济发展阶段理论的土地利用变化研究——以广西江州区为例》，《自然资源学报》，2006 年第 2 期。

　　③　陈刚，金通：《经济发展阶段划分理论研究述评》，《北方经贸》，2005 年第 4 期。

入和劳动力相对比重逐渐下降;二产国民收入和劳动力相对比重上升;经济的进一步发展导致三产国民收入和劳动力相对比重也开始上升",这主要是关于经济发展中劳动力在三次产业中的分布结构变化理论。钱纳里根据人均GDP,将不发达经济到成熟工业经济整个变化过程划分为三个阶段(初期产业、中期产业和后期产业)和六个时期(不发达经济阶段,工业化初期、中期、后期阶段,后工业化社会和现代化社会),并且认为每一次发展阶段的跃进都是通过产业结构调整来推动的,该理论主要依据产业发展来表现经济发展阶段。罗斯托首先提出了主导产业及扩散理论和经济成长阶段论。他认为经济增长是主导部门迅速扩大及产生的扩散效应的结果,该理论将国家的经济发展阶段依次分为传统社会阶段、准备起飞阶段、起飞阶段、走向成熟阶段、大众消费阶段和超越大众消费阶段六个阶段。库兹涅茨从三次产业产值占国民收入比重变化的角度论证产业结构演变规律并将之划分为不同的经济发展阶段;工业化初期、中期和后期阶段;在整个演变过程中,工业在国民经济中的比重变化将呈倒"U"形趋势。刘易斯二元经济发展理论主要从边际劳动生产率变化角度分析了经济的发展阶段变化。

国外经典研究理论表明,某区域处在不同发展阶段,其产业结构特征及经济发展驱动力都是不同的[①];另外土地利用与经济发展关系密切,不同的经济发展阶段,产业结构等差异导致不同的土地利用变化特征。区域在经历不同发展阶段过程中,产业结构都将逐步经历"一、二、三,二、一、三,二、三、一,三、二、一"的转变过程,并引起土地利用结构的变化。在工业化初期阶段,经济总量水平不高,同时面临资本短缺这一难题;按照替代

---

① 张健:《不同经济发展阶段区域经济发展差异比较》,《中国人口·资源与环境》,2009年第6期。

原理,区域将通过投入大量土地资源来促进经济增长,从而引起土地的大量非农化,造成环境污染、生态安全等一系列问题。随着经济的继续增长,生态环境、粮食安全等问题将日益凸显,这时土地利用不再是单一的以经济增长为目标,人类开始重视其生态价值,因此土地非农化在一定程度上会有所减缓。本书在以上经济发展阶段理论指导下,分析处于不同发展阶段区域的土地非农户及产业结构调整对碳排放的影响,以发现其变化规律。

四、环境库兹涅茨曲线假说理论

环境质量与经济增长之间的关系一直是自然资源与环境学关注的一个热点问题。目前为止出现了三种观点:一是认为两者之间是互相矛盾的,经济增长必然会导致环境污染加剧[①];二是认为两者之间是相互促进的关系,经济增长会带来环境的改善[②];三是环境库兹涅茨曲线假说,认为环境在经济发展过程中会呈现先恶化后改善的过程[③]。其中环境库兹涅茨曲线假说得到了广泛的认同,学者们运用不同国家和地区的时序、截面或

① Meadows D H, Meadows D L, Randers J, et al. The limits to growth. Universe Books,1972.

② Beckerman W. Economic growth and the environment: whose growth? Whose environment? World Development,1992,20.

③ 库兹涅茨曲线最早是由西蒙·库兹涅茨在20世纪50年代研究经济增长和收入差异时提出的一个假说:在经济增长初期,收入差异随着经济增长而增大;当经济增长到一定程度时,收入差异会逐渐减小。如果将该假说表现在二维平面上,以人均收入为横坐标,收入差距为纵坐标,两者之间的变化趋势就表现为倒"U"形曲线。具体见西蒙·库兹涅茨著《各国的经济增长》,商务印书馆,1985年。1993年,Panayotou首次将环境质量与人均收入之间的关系称为环境库兹涅茨曲线(EKC)。对EKC假说的研究始于1991年美国经济学家Grossman和Krueger研究北美自由贸易协定的环境效应,他们首次研究了环境质量与人均收入之间的关系,指出了"污染在低收入水平上随人均GDP增加而上升,在高收入水平上随人均GDP增长而下降"。具体见:Grossman G,Krueger A. Environmental impacts of the North American Free Trade Agreement. NBER working paper,1991.

面板数据对其进行了验证①②③。

EKC 假说描述了经济发展与环境质量之间的倒"U"形关系,其理论解释包括以下六方面:(1)经济增长通过规模效应、技术效应和结构效应影响环境质量④⑤。规模效应反映的是经济增长需要增加投入、消耗资源,同时更多的产出也带来污染排放的增加。技术效应反映的是经济增长过程中技术进步对环境的影响;一方面技术进步提高资源利用率,降低单位产出的要素投入,从而减弱生产对环境的影响;另一方面清洁技术的发展可以有效循环利用资源,降低单位产出的污染排放。结构效应反映的是投入结构与产出结构调整对环境的影响,早期阶段,经济结构从农业向能源密集型工业转变增加了污染排放,随后经济结构转向低污染的服务业和知识密集型产业,单位产出污染排放进一步降低,环境质量得到改善。(2)环境质量需求,这也是EKC 关系形成的原因之一②。收入水平低的社会群体很少会关注环境质量;当收入水平提高后,人们会更关注现实和未来的环境质量,产生了对环境质量的需求,不仅愿意购买环境友好产品,而且会强化环境保护的压力,制定严格的环境保护制度,从而减缓环境的恶化。(3)环境规制。随着经济的增长,关于环境保护的各项政策、制度、标准不断健全,国家或地区环境质量

---

① Panayotou T. Empirical tests and policy analysis of environmental degradation at different stages of economic development. Technology and Employment Programme working paper,1993.

② Dinda S. Environmental Kuznets Curve hypothesis: a survey. Ecological Economics,2004,49(4).

③ 周民良:《中国的区域发展与区域污染》,《管理世界》,2000 年第 2 期。

④ Magnus Lindmark. An EKC pattern in historical perspective: carbon dioxide emissions,techonology,fuel prices and growth in Sweden(1870—1997). Ecological Economics,2002,42(2).

⑤ Markus Pasche. Technical progress,structural change,and the environmental Kuznets curve. Ecological Economics,2002,42(2).

管理能力得到加强，进一步减小环境压力[①]。还有学者认为 EKC 拐点的出现不是经济增长的结果，而是环境规制的正确实施[②③]。（4）市场机制。随着经济的发展，市场机制不断完善，市场的内生自我调节功能会减缓环境的恶化。自然资源和污染进入市场后，可以将外部成本转换成内部成本，提高自然资源利用效率，且把污染内部消化，从而改善环境质量[④]。（5）国际贸易。某些国家通过进口污染工业产品向外转移了自己的环境压力，因此可能出现 EKC。对这些国家来说环境压力减少了，但是对整个世界来说并没有减少[⑤⑥]。也有学者认为国际贸易使"绿色技术"在世界范围内得以推广，从而使环境质量得到改善[⑦]。（6）减污投资。随着经济的发展，减污投资力度的加大减缓了环境的进一步恶化。减污投资从不充足到充足的变动构成了 EKC 的形成基础。

　　从以上理论解释可以看出，一个国家或地区在经济发展过程中，特别是在经济发展起飞阶段，存在一定程度的环境问题是不可避免的。随着经济的进一步发展，当人均收入达到拐点（turn-

---

①　Elisabetta Magnani. The Environmental Kuznets Curve: development path or policy result? Environmental Modelling & Software,2001,16(2).

②　Sun J W. The nature of CO_2 emission Kuznets curve. Energy Policy,1999, 27(12).

③　Jordi Roca,Emilio Padilla,Mariona Farre,et al. Economic growth and atmospheric pollution in Spain: discussing the Environmental Kuznets Curve hypothesis. Ecological Economics,2001,39(1).

④　Liu Xuemei. Explaining the relationship between CO_2 emission and national income—the role of energy consumption. Economics Letters,2005,87(3).

⑤　Fatma Taskin,Osman Zaim. The role of international trade on environmental efficiency: a DEA approach. Economic Modelling,2001,18(1).

⑥　Roldan Muradian,Joan Martinez,Alier. Trade and the environment: from a "southern" perspective. Ecological Economics,2001,36(2).

⑦　Matthew A Cole. Trade,the pollution haven hypothesis and the Environmental Kuznets Curve: examining the linkages. Ecological Economics,2004,48(1).

ing point)时,环境会逐步得到改善。但是我们不能被动等待"拐点"的到来,认为"只要发展经济就可以了,环境会随之改善的"。原因在于:首先,经济水平发展到拐点这一时期可能需要很长的时间,未来经济增长和清洁技术的发展很可能已无法抵消造成的环境压力[①];其次,一旦生态环境恶化程度超过生态阈值,环境恶化就变为不可逆;最后,在现阶段治理某些环境问题所需成本可能比未来才去治理的成本要低。因此,综合以上原因,考虑到温室气体的特殊特征(公共物品、生命期长等),目前从多方面入手减缓温室气体排放而不是被动等待"拐点"的到来是很有必要的。

五、生态足迹理论

生态足迹理论最早由加拿大生态经济学家 Rees 提出[②],后来由他的学生 Wackernagel 等完善[③],用来衡量人类对自然资源的利用程度及自然界为人类提供生命支持服务的功能[④]。生态足迹是指用来提供人类使用的可再生资源的生物生产性土地和渔业用地面积,并包括建设用地和吸收人类活动产生的二氧化碳用地。生态容量则是指在保证生存和发展条件下能够持续提供资源和消纳废弃物的具有生物生产力的陆地和渔业用地面积。生态足迹与生态容量分别是从需求和供给的角度来评价研究对象发展状态的可持续性[⑤]。

---

① 蔡昉,都阳,王美艳:《经济发展方式转变与节能减排内在动力》,《经济研究》,2008 年第 6 期。

② Rees W E. Ecological footprints and appropriated carrying capacity: what urban economics leaves out. Environment and Urbanization,1992,4(2).

③ Wackernagel M,Rees W E. Our ecological footprint reducing human impact on the earth. New Society Publishers,1996.

④ Wackernagel M,Rees W E. Perceptual and structural barriers to investing in natural capital economics from an ecological footprint perspective. Ecological Economics,1997,20(1).

⑤ 熊德国,鲜学福,姜永东:《生态足迹理论在区域可持续发展评价中的应用及改进》,《地理科学进展》,2003 年第 6 期。

Wackernagel 等明确了计算全球生态足迹的六个假设[1]：(1) 追踪人类消耗的大部分资源及产生的废弃物是可能的；(2) 消耗的资源和产生的废弃物的大部分流量可根据支持这些流量的必需的生物生产性面积进行测算(这些资源和废弃物不能在评价中被排除)；(3) 依据生物生产力,可赋予不同类型土地面积一定的权重,将其折算到标准单位——全球公顷,1 全球公顷生物生产力等于当年 1 公顷土地或渔业用地面积全球平均生产力；(4) 因为土地类型是排他性的,全球公顷代表生物生产力是相同的,故可以直接加总得到人类需求；(5) 自然生态服务供给可以用全球公顷表示的生物生产空间表达；(6) 生态足迹可以超越生态承载力。

生态足迹既能够反映地区或国家资源消耗强度,又能够反映资源供给能力。因此用生态足迹可以判断某个国家或地区的发展是否处在生态容量范围内,即是否处于可持续发展状态。在全球气候变化的背景下,作为衡量人类化石燃料燃烧排放的温室气体对环境造成影响和压力程度的指标,碳足迹目前成为生态学研究的热点。《中国生态足迹报告 2010》指出,2007 年我国人均生态足迹是 2.2 全球公顷,低于同期全球平均水平(2.7 全球公顷)；在总生态足迹中,碳足迹已是最主要的组成部分,所占比例达到 54%,并且生态足迹的增长主要是由碳足迹增长引起的[2]。我国目前正处于可持续发展的转折点,当前面临的主要挑战是如何在保障生态系统健康的同时,使社会经济发展与生态足迹脱钩；而其中的重中之重就是让经济社会发展与能源消耗碳足迹脱钩,将减少碳足迹作为减少生态赤字、实现生态文

---

[1] Wackernagel M, Schulz N B, Deumling D, et al. Tracking the ecological overshoot of the human economy. PNAS, 2002, 99(14).

[2] 中国环境与发展国际合作委员会,世界自然基金会:《中国生态足迹报告 2010》,2010 年。http://www.wwfchina.org/wwfpress/publication/shift/2010LPR_cn.pdf.

明的重要手段。

第三节　理论分析框架

　　土地利用/覆被变化是人类改变陆地生态系统生物质生产的主要方式之一,是影响陆地系统碳循环过程,引起碳源、碳汇变化的重要原因[1]。在过去的 250 年间,大气 CO_2 浓度增加了 31($\pm$4)%,其中土地利用/覆被变化是主要原因[2]。过去 150 年,化石燃料燃烧和水泥生产等活动向大气释放 270($\pm$30)Pg 碳;同时期土地利用变化向大气释放 136($\pm$50)Pg 碳,占人类总排放量的1/3 以上[3]。国内外学者研究结果显示全球土地利用/覆被变化在陆地与大气交换过程中起着碳源的作用[4][5][6]。土地不仅承担碳源的角色,还可以承担碳汇的功能,如土壤就是巨大的碳库。因此,在考虑土地利用变化碳效应时,既要考虑土地利用变化引起的直接和间接碳排放,还要考虑土地利用变化

　　[1]　IPCC. Land-use,land change and forestry. In: Watson R T,Noble I R,Bolin B,et al. A special Report of the IPCC. Cambridge University Press,2000.

　　[2]　IPCC. Climate change 2001: The scientific basis. In: Houghton J T,Ding Y,Griggs D J,et al. Contribution of Working Group I to the Third Assesment Report of the Intergovernmental Panel on Climate Change. Cambridge University Press,2001.

　　[3]　Houghton R A. The annual net flux of carbon to the atmosphere from changes in land use 1850—1990. Tellus,1999,51B.

　　[4]　Defries R S,Field C B,Fung I,et al. Combining satellite data and biogeochemical models to estimate global effects of human-induced land cover change on carbon emissions and primary productivity. Global Biogeochem Cycle,1999,13(3).

　　[5]　McGuire A D,Sitch S,Clein J S,et al. Carbon balance of the terrestrial biosphere in the twentieth century: analyses of CO_2, climate and land use effects with four process-based ecosystem models. Global Biogeochem Cycle,2001,15(1).

　　[6]　Pacala S W,Hurtt G C,Baker D,et al. Consistent land and atmosphere-based US. carbon sink estimate. Science,2001,292(5525).

前后碳储量的变化。

我国非农建设占用耕地数量逐年增加,1978—1989 年、1990—1999 年、2000—2007 年年均建设占用耕地数量分别为 15.81 万 hm²,16.81 万 hm² 和 21.30 万 hm²,未来耕地减少的趋势还将保持较长时间[①]。不同土地利用类型的碳排放效应是存在差别的,其中林地、耕地、草地等土地利用类型是具有碳汇功能的,一定程度上可以吸收人为活动造成的碳排放,而土地非农化后转换成的建设用地是主要的碳源,碳排放强度为 55.81 t/hm²,因此土地非农化过程在很大程度上增加了土地利用碳排放。在土地非农化过程中,土地利用碳排放的时空变化特征及变化规律是需要考虑的。

土地利用结构调整,包括建设用地和农用地结构调整对碳排放效应也会产生一定的影响。建设用地所承载的产业结构调整,即由高能耗、高污染、高排放的第二产业向低能耗、低污染、低排放的第三产业转变。由于不同作物生育期内对大气中碳的固定作用不同,因此农用地种植业结构调整对我国不同农业生产区域农田系统碳净吸收,即碳汇作用发挥的影响程度也是需要关注的问题。

众多研究表明,农户不同的农田管理措施引致的土地利用变化,如施肥技术、耕作方式的变化对碳排放都会产生一定程度的影响。农业生产活动中,不合理的施肥技术对大气、土壤及水体等都产生了一定程度的污染,已成为我国目前农业生产中对环境产生重大负效应的农业活动之一。因此,本书将采用生命周期评价方法对不同施肥技术产生的温室效应进行评价,为推广农业生产新技术提供指导。

从以上分析可以看出,不同层面的土地利用变化对碳排放都会产生一定程度的影响。而目前已有研究多是从各自领域出发进行

---

① 曲福田,陈江龙,陈会广:《经济发展与中国土地非农化》,商务印书馆,2007 年。

探讨,如不同产业能源消耗碳排放、不同农业生产方式对土壤碳源/汇的影响等,关于土地利用变化碳排放效应分析还缺少一个系统的(包括宏观、中观、微观层面)分析框架。因此本书试图构建一个研究维度上从时间到空间;分析层次上从宏观到中观再到微观;碳排放类型上,包括直接和间接碳排放的理论分析框架,并通过实证研究,多层次、多角度研究我国经济社会快速发展时期,土地利用变化对碳排放的影响;在研究结论基础上,以期能够从土地利用角度提出如何减缓碳排放,促进低碳经济发展的政策建议。

一、土地非农化碳排放效应分析

本书所说的"土地非农化"特指农用地向非农建设用地的转换。土地非农化引起的碳排放包括直接碳排放和间接碳排放,即农用地向建设用地类型转换引起土地利用直接碳排放,建设用地承载产业能源消耗引起土地利用间接碳排放。林地、草地等植被通过光合作用固定大气中的碳,即植物从大气中吸收碳,加之土壤本身也具有一定的固碳功能,因此林地、草地在全球碳循环过程中是发挥碳汇作用的[1][2]。农田由于受到人为干扰影响较大,因此既是碳源[3],又是碳汇[4][5]。而建设用地主要承载二、三产业,同时二、三产业生产是需要消耗大量化石能源的,因此考虑到建设用地土壤和植被碳吸收/排放的特殊性,本书试着

① 方精云,郭兆迪,朴世龙,等:《1981—2000 年中国陆地植被碳汇的估算》,《中国科学(D辑)》,2007 年第 6 期。
② 李颖,黄贤金,甄峰:《江苏省区域不同土地利用方式的碳排放效应分析》,《农业工程学报》,2008 年第 9 期。
③ Cai Zucong, Kang Guoding, Tsuruta H, et al. Estimate of CH₄ emission from year-round flooded rice field during rice growing season in China. Pedosphere, 2005,15(1).
④ 何勇:《中国气候、陆地生态系统碳循环研究》,气象出版社,2006 年。
⑤ 李克让:《土地利用变化和温室气体净排放与陆地生态系统碳循环》,气象出版社,2002 年。

转换研究角度,从能源消费角度分析土地非农化造成的间接碳排放变化。在未来较长时期内,我国经济仍会以较快的速度发展,城市化进程也将继续加快,因此农用地向非农建设用地的转换仍将继续,在这个发展过程中碳排放量必然会继续增加。

Gene 等[1]提出,经济发展对环境的影响分为规模效应、结构效应和技术效应。关于这三种效应的界定如下:

规模效应反映的是经济总量对环境造成的影响,经济增长需要不断增加投入,并产生废弃物,从而对环境会产生负效应。本书中的规模效应指的是土地产出的增加和土地规模的扩大。土地非农化一方面造成建设用地面积的扩大,另一方面能够提高土地产出。由于建设用地对能源的需求大于农用地,在结构和技术一定的条件下,土地非农化造成建设用地增加,对能源的消耗也相应增加,从而产生的碳排放量必将增加,造成的环境压力不断增大。

结构效应反映的是投入结构和产出结构调整对环境的影响。本书中的结构效应指的是能源消费结构和产业结构。产业结构对碳排放的影响主要是通过生产要素数量和结构的变化对能源消耗水平和类型的变化来实现的。产业不同,其生产单位产值对能源的需求和产生的碳排放存在较大的差异。能源消费结构对碳排放的影响主要是由于不同能源的碳排放系数存在差别,故数量一定的不同能源产生的碳排放量也会存在差异,从而会对环境产生不同的影响。

技术效应反映的是经济增长过程中,技术进步对生态环境产生的影响。本书中的技术效应指的是能源强度效应。在结构一定的条件下,技术进步一方面能够提高清洁能源的消耗所占比重,减少对化石能源的消耗;另一方面能够提高能源利用效

---

[1] Gene M G, Alan B K. Economic growth and the environment. Quarterly Journal of Economics,1995,110.

率,减少一定产出所需的能源消耗总量,从而进一步减少碳排放量,减缓对环境造成的压力。

我国目前正处于工业化快速发展阶段,并且经济增长是高能耗的增长方式。经济增长所带来的规模效应无法避免,碳排放量也将持续增加。因此,在不以牺牲经济增长为代价的前提下,减缓碳排放必须依靠结构效应和技术效应的反向作用,即实现经济增长对碳排放减小的关键在于优化投入结构,包括能源、产业投入,提高技术进步,即提高能源利用效率,减少能源碳强度,使结构效应和技术效应对碳排放的综合作用能够在一定程度上抵消规模效应对其增加产生的正向作用。

在以上理论的指导下,本书将从碳排放时空变化特征及碳排放与经济增长的关系两个方面分析土地非农化过程造成的间接碳排放。分析框架如图 3-4 所示。

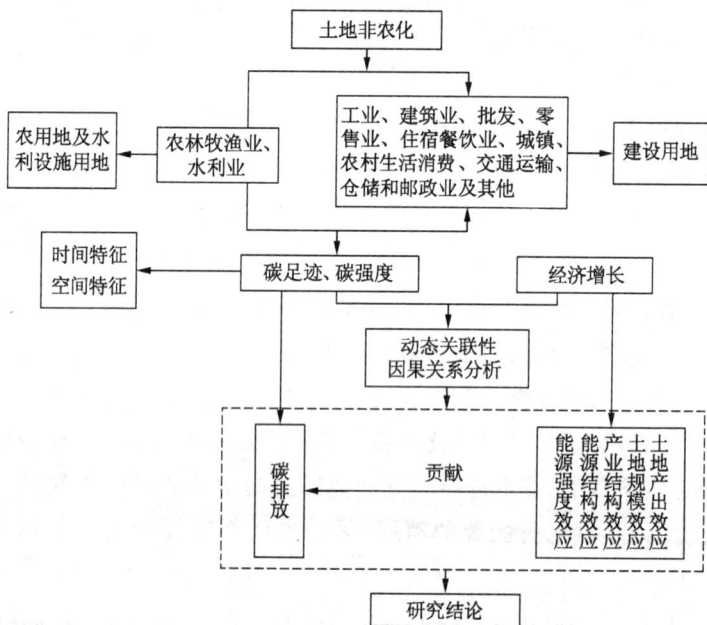

图 3-4　土地非农化碳排放效应分析框架

（一）土地非农化碳排放时空特征分析

目前关于某一土地利用类型碳排放的估算多是采用两种方法：一是用相关模型估算不同地类转换对陆地生态系统碳循环的影响[①]，多集中于对林地的研究；另一种是用相关系数估算不同地类碳排放量[②]。模型估算对自然生态环境背景要求较高，同时系数估算误差也较大，因此本书从能源消耗角度间接反映土地非农化对碳排放量的影响。首先将能源消耗不同产业与土地利用类型相对应，然后采用 IPCC 推荐的核算能源消费碳排放的方法核算我国及各省（市、区）承载不同产业的不同地类的碳排放量，并采用碳强度、碳足迹等指标对其时间、空间变化特征进行分析。

（二）土地非农化碳排放与经济增长关系分析

已有研究表明，宏观经济总量、产业结构、城市化水平和居民消费结构是影响我国能源消费总量增长和区域差异的主要因素[③]。例如，众多研究表明随着城市化水平提高，能源消费总量增大[④][⑤]；也有研究表明城市化水平提高导致产业组织结构、技术结构等得到优化配置，使得能源消耗呈现下降的趋势[⑥]。也有学者认为，由于农田和城市的碳释放量相当，因此中国城市化

① 李克让：《土地利用变化和温室气体净排放与陆地生态系统碳循环》，气象出版社，2002 年。

② 李颖，黄贤金，甄峰：《江苏省不同土地利用方式的碳排放效应分析》，《农业工程学报》，2008 年第 9 期。

③ 张晓平：《20 世纪 90 年代以来中国能源消费的时空格局及其影响因素》，《中国人口·资源与环境》，2005 年第 2 期。

④ Imai Hiroyuki. The effect of Urbanization on energy consumption. Journal of Monetary Economics，1997(53).

⑤ 耿海青：《能源基础与城市化发展的相互作用机理分析》，中国科学院地理科学与资源研究所论文，2004 年。

⑥ Wei B R，Yagita H，Inaba A，et al. Urbanization impact on energy demand and CO_2 emission in China. Journal of Chongqing University Eng. Ed.，2003，2.

和工业化造成的土地利用/覆被变化对生态系统碳循环影响并不显著[1]。土地非农化引起的碳排放与经济增长之间的关系如何目前还少有相关研究。本书基于能源消费的角度，试着采用 Granger 因果关系检验法检验土地非农化碳排放与经济增长之间是否存在因果关系，探讨土地非农化碳排放与经济增长的变化规律。

林伯强等的研究结果表明我国 CO_2 环境库兹涅茨曲线理论拐点在 2020 年左右实现，但实证预测到 2040 年还未出现，说明除了经济发展因素外，能源强度、产业结构和能源消费结构等因素对碳排放也有显著影响[2]。这也就是说除了经济增长的规模效应，其结构效应与技术效应对碳排放也有较显著影响。本书将采用 LMDI 指数分解法从经济增长的规模效应（土地产出效应、土地规模效应）、结构效应（产业结构效应、能源结构效应）和技术效应（能源强度效应）三个角度分析经济增长对土地碳排放的贡献。

二、土地利用结构调整碳排放效应分析

我国面临着来自国际与国内日趋严峻的碳减排压力，"十二五"期间我国确立了单位 GDP 能耗下降 16% 及单位 GDP 碳排放强度下降 17% 的目标[3]。未来较长时期内，能源的阶段性刚性需求说明只要我国经济持续增长，能源消费就将继续扩大，煤炭的资源与价格优势使我国仍将保持以煤为主的能源消费结构，因此我国的 CO_2 排放量仍将持续快速增长[4]。我国目前所处的发展阶段决定了完成碳减排目标是不可能以牺牲经济增长和城市化进程为代价的，而减慢碳排放增长速度还是可能的。

---

① 陈广生，田汉琴：《土地利用/覆盖变化对陆地生态系统碳循环的影响》，《植物生态学报》，2007 年第 2 期。

② 林伯强，蒋竺均：《中国二氧化碳的环境库兹涅茨曲线预测及影响因素分析》，《管理世界》，2009 年第 4 期。

③ http://news.sina.com.cn/c/2011-03-29/015522196602.shtml.

④ 同②。

不同土地利用类型的碳排放强度存在较大的差别,因此从土地利用角度考虑,可以通过采用低碳型土地利用方式来减缓碳排放。陈从喜等提出低碳型土地利用方式就是通过土地利用结构、布局、规模和方式等变化来增强碳汇能力,减少或抑制碳排放的过快增长[①]。由于经济增长的结构效应可以对减缓碳排放发挥作用,故本章将以土地利用结构调整对碳排放的影响作为研究内容。土地利用结构调整包括建设用地结构调整与农用地结构调整,其中建设用地所承载的产业主要是我国的第二产业和第三产业,农用地所承载的是第一产业。因此本章将分别分析建设用地第二、三产业结构调整与农用地种植业结构调整产生的碳排放效应,分析框架见图 3-5。

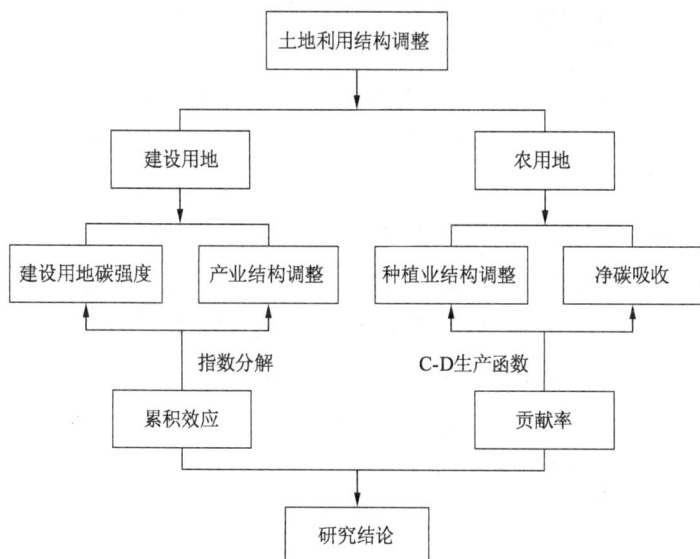

图 3-5　土地利用结构调整碳排放效应分析框架

---

①　陈从喜,黄贤金,林伯强:《用好管好资源,践行低碳发展》,《中国国土资源报》,2010 年 4 月 23 日。

（一）建设用地产业结构调整碳排放效应分析

产业结构是指一个国家或地区各产业在国民经济中的比重及各产业间的技术经济联系。本书试着从二、三产业结构调整的角度间接分析建设用地结构调整对碳排放的影响。之所以采用间接分析方法，其原因包括：一是建设用地在二、三产业之间的配置规模无法获取，因为我国未公布不同产业规模数据。一些学者通过问卷调查法[①]、土地用途产业类别法和原土地分类统计法[②]获取产业用地数据。受获取数据的限制，本书无法采用土地用途产业类别法和原土地分类统计法。另外，受研究范围限制，也不适用于采用问卷调查法。二是产业结构调整引起土地资源在不同产业部门的重新分配，导致土地利用结构变化。从能源消费角度分析产业结构调整对碳排放的影响，属于土地利用间接碳排放。

在整个产业结构调整升级过程中，伴随的一个重要特征就是国民经济的主导产业[③]不断发生变化。库兹涅茨依据三次产业占国民收入比重的变动情况将产业结构演进过程划分为三个阶段：在工业化初期，第一产业比重较高，第二产业比重较低；随着工业化进程的推进，第一产业比重不断下降，第二产业和第三产业比重得到提高，但是第二产业比重提高幅度大于第三产业；当第一产业比重降到 20％ 以下，并且第二产业比重高于第三产

---

① 王梅，刘琼，曲福田：《工业土地利用与行业结构调整研究——基于昆山1400 多家工业企业有效问卷的调查》，《中国人口·资源与环境》，2005 年第 2 期。

② 刘平辉：《基于产业的土地利用分类及其应用研究》，中国农业大学博士学位论文，2003 年。

③ 主导产业指在经济发展的一定阶段，产业本身成长性很高，并具有很高的创新率，能迅速引入技术创新，对一定阶段的技术进步和产业结构升级转换具有重大的关键性导向作用和推动作用，对经济增长具有很强的带动性和扩散性的产业。具体见官升东撰写《资本市场与产业结构调整：理论、实践与公共政策》，深圳证券交易所综合研究所研究报告，2010 年。

业,进入工业化中期阶段;随着工业化进程的进一步推进,当第一产业比重降到 10％左右,第二产业比重上升到最高水平时,进入工业化后期阶段,第二产业比重会相对稳定或下降。按照以上理论,我国整体上目前还处于工业化中期阶段,第二产业比重自 1978 年始,先下降后波动上升,至 2008 年达到 48.62％,第三产业所占比重缓慢增大。我国不同区域目前所处的经济发展阶段不同,产业结构也不尽相同。

　　不同产业对于能源消耗量的需求不同,在不同的经济发展阶段,不同产业所占比重也不同,产业结构水平会影响到能源消耗量的变化,从而影响到碳排放量的变化。第二产业是我国的物质生产部门,我国在工业化发展初期建立的高能耗、高污染、高排放的产业无疑是碳排放的主要来源,特别是重工业生产;第三产业是非物质生产部门,劳动力使用高于生产资料的使用,因而碳排放量较小,并且对能源效率提高的贡献较大[①]。从以上分析可以看出第二产业向第三产业转移可以减少碳排放量,众多学者也对其进行了验证。马艳等通过理论模型与实证分析得出技术类型和产业结构是影响碳排放的重要因素[②]。魏楚等发现以"退二进三"为主导的产业结构调整和以"国退民进"为主要方向的国有产权改革在一定程度上能够改善能源利用效率[③]。产业结构调整对降低碳强度,间接实现节能减排目标的作用如何是需要深入探讨的问题。因此本章将继续采用 LMDI 指数分解法对选择的有代表性的不同地区建设用地碳强度进行分解,分析产业结构调整对实施"退二进三"发展战略的经济较发

　　① http://www.cnstock.com/index/gdbb/201007/650655.htm.
　　② 马艳,严金强,李真:《产业结构和低碳经济的理论与实证分析》,《华南师范大学学报(社会科学版)》,2010 年第 5 期。
　　③ 魏楚,沈满洪:《结构调整能否改善能源效率:基于中国省级数据的研究》,《世界经济》,2008 年第 11 期。

达的东部沿海地区和实施"产业承接"发展战略的经济欠发达的中西部地区实现节能减排目标的贡献程度,以期为不同地区确定产业发展方向提供指导。

（二）农用地种植业结构调整对碳净吸收的影响

土地利用变化能够显著影响陆地生态系统的结构和功能,引起生态系统碳储量的变化,而碳储量是增加还是减少主要取决于变化前后生态系统的类型和土地利用方式的改变。例如森林砍伐后变为耕地,其土壤和植被碳储量将会大大降低;而退耕还林则能够使大气中的碳在植被和土壤中得到汇集,从而能够增加碳储量。国内外学者对耕地、林地与草地之间相互转换对植被或土壤碳储量的影响进行了较广泛和深入的研究,研究成果颇丰[1][2][3]。本书将深入研究耕地内部种植作物结构调整对农田系统碳净吸收的影响,碳排放类型属于土地利用直接碳排放。

美国农业经济学家约翰·梅勒在20世纪60年代提出了农业发展阶段理论,该理论依据农业生产技术性质将传统农业向现代农业转变的过程划分为三个阶段:以技术停滞、农业增长主要依靠传统投入为特征的传统农业阶段;以技术稳定发展和运用、资本使用量较少为特征的低资本技术农业阶段;以技术高度发展和运用、资本集约利用为特征的高资本技术农业阶段[4]。另一位美国经济学家韦茨根据美国农业发展过程在1971年提

① Murty D,Kirschbaum M F,Mcmurtrie R E, et al. Does conversion of forest to agricultural land change soil carbon and nitrogen? A review of the literature. Global Change Biology,2002,8.

② 刘纪远、王绍强、陈镜明，等:《1990—2000 年中国土壤碳氮蓄积量与土地利用变化》,《地理学报》,2004 年第 4 期。

③ Rhoades C C. Soil carbon differences among forest,agriculture,and secondary vegetation in lower Montane Ecuador. Ecological Applications,2000,10(2).

④ Meller J W. The economics of agricultural development. Cornell University Press,1966.

出了"韦茨农业发展阶段论",将农业发展过程也分为三个阶段：以自给自足为特征的维持生存农业阶段；以多种经营和增加收入为特征的混合农业阶段；以专业化生产为特征的现代化商品农业阶段[①]。日本经济学家速水佑次郎依据日本农业发展实践在1988年提出"速水农业发展阶段论",同样分为三个阶段：以增加生产和粮食供给为特征的发展阶段,提高农产品产量的政策在该阶段居主要地位；以着重解决农村贫困为特征的发展阶段,用以提高农民收入水平的农产品价格支持政策是该阶段农业发展的主要政策；以调整和优化农业结构为特征的发展阶段,农业结构调整是该阶段农业政策的主要目标[②]。我国农业部软科学课题组依据供求关系、生产目标和增长方式将我国农业发展过程分为以下三个阶段：农产品供给全面短缺,以解决温饱为主,主要依靠传统投入为主的数量发展阶段；农产品供求基本平衡,以提高品质、优化结构和增加农民收入为主,注重传统投入和资本、技术集约相结合的优化发展阶段；农产品供给多元化,知识、信息成为农业发展重要资源,以提高效率、市场竞争力和生活质量为主,高资本集约、技术集约和信息集约的现代农业发展阶段,并认为我国目前正处于第二个发展阶段[③]。在该阶段,农业发展已从追求产量最大化转向为效益最大化；农民收入提高已从主要依靠粮食增产和提价转向为多种经营上。

随着人民生活水平及农业种植技术的提高、作物种植产出效益差异的增大,我国的种植业结构也在逐渐进行调整,经济作物播种面积所占比重不断增大,由数量发展阶段进入优化发展阶

①　Todaro M F. Economic development in the third world（third edition）. Longman Inc,1985.

②　Yujiro Hayami. Japanese agriculture under siege. MacMillan Press,1988.

③　农业部软科学委员会课题组：《中国农业进入新阶段的特征和政策研究》,《农业经济问题》,2001年第1期。

段。农田系统中作物在生长过程中会通过同化作用对空气中的CO_2进行固定,从而吸收空气中的碳;除了土壤、植被呼吸会产生一定量的碳排放,农田系统的一些生产管理活动也会间接地造成碳排放,如机械、化肥的使用及灌溉,这些活动本身虽然不会产生碳排放,但是其在生产和使用过程中是消耗了一定量能源的,参与了农田系统的碳循环。不同作物类型对碳的同化作用不同,并且农田管理措施也可能不同,从而造成碳吸收和碳排放的差异。在我国目前所处的农业发展阶段,种植业结构调整对我国不同区域农田系统的碳吸收/排放水平影响程度如何,以及如何增加不同区域农田系统的碳汇功能,也是本章要探讨的问题。

三、土地利用技术变化碳排放效应分析框架

农业发展阶段理论指出"农业发展过程是由劳动密集型向资本、技术密集型方向逐渐转化的过程",即劳动力和土地对农业产出的贡献率会逐渐下降,而资本和技术对农业发展的贡献率会不断提高。我国耕地面积不断减少及农业劳动力不断转移决定了我国农业生产对资本和技术的依赖程度不断提高。

我国农业生产已由传统农业发展阶段过渡到依赖资本和技术的优化发展阶段,即土地和劳动力投入不断减少,而资本(化肥、农药等)和技术投入不断增加。与工业产品生产相似,农产品的生产过程同样存在着资源消耗与环境污染问题。化肥、农药等化学物资和机械投入的增加一方面能够提高农业生产效率,增加农业产出;另一方面也会不可避免地对环境造成负面影响,如机械使用过程中由于消耗化石能源而排放温室气体,农药、化肥的过度使用对水体、土壤造成污染。

要分析微观层面土地利用变化对碳排放的影响,本书试着以不同的施肥技术来体现土地利用技术变化。分析农业生产过程中施肥技术变化对碳排放的影响主要出于以下两点考虑:一是农业面源污染是造成水环境恶化的主要原因[①],而化肥过量使用是造成水体富营养化的主要原因,同时化肥施用也是导致农业生产温室气体排放的主要原因,特别是氮肥的过量使用;二是不同施肥技术下,农田系统温室气体的排放通量是有差异的。因此通过对比分析传统施肥技术和测土配方施肥技术对环境的影响,用来表现土地利用技术变化对产生的温室效应的影响,以期为制定和推广农业减排政策提供指导。

化肥作为农业生产的投入要素之一,有利于作物产量的提高,但是其对环境产生的负面效应也逐渐显现。我国是世界上化肥施用强度最高的国家之一[②],目前已经跻身世界前十[③]。我国在化肥施用过程中主要存在两大问题:一是存在过量使用、利用率不高的问题,不仅造成资源浪费,而且对环境造成污染;二是存在氮磷钾比例不合理的问题,呈现氮肥用量偏高、磷肥和钾肥偏低的特点,影响化肥功效的发挥。测土配方施肥技术作为环境友好型农业生产新技术之一,目前正在部分地区推广使用,是农业上推荐的管理措施。测土配方施肥技术通过科学配比氮磷钾比例,不仅有助于减缓 N_2O 排放对大气环境的污染,还可以控制 NO_3-N 流失对水环境的破坏。农业生产过程中,较传统施肥技术,采用测土配方施肥技术能否减缓温室效应,以及对环境造成的影响和减缓程度,这些都是本章要探讨的问题。

本书选取太湖流域上游地区的江苏省镇江市、常州市和无锡市作为研究区域。该区域是我国经济较发达地区之一,

① 张维理,冀宏杰,Kolbe H,等:《中国农业面源污染形势估计及控制对策Ⅱ——欧美国家农业面源污染状况及控制》,《中国农业科学》,2004 年第 7 期。

② 何浩然,张林秀,李强:《农民施肥行为及农业面源污染研究》,《农业技术经济》,2006 年第 6 期。

③ 靳乐山,王金南:《中国农业发展对环境的影响分析》,《中国政策环境(第一卷)》,中国环境科学出版社,2004 年。

农业生产投入较高,同时也是测土配方施肥技术的推广区。在对该区域进行农户调查的基础上,本书将采用生命周期评价方法,参照产品的生命周期过程,界定"农资阶段化肥生产—种植阶段化肥施用"的系统分析框架;通过整理农户调查数据获取农业生产化肥施用情况数据;通过查阅相关文献获取资源消耗和环境效应相关参数;参照生命周期评价程序对资源消耗和环境影响进行分析评价;通过对比分析不同施肥技术所产生的温室效应指数,提出实现农业节能减排的建议。本章研究的分析框架见图 3-6。

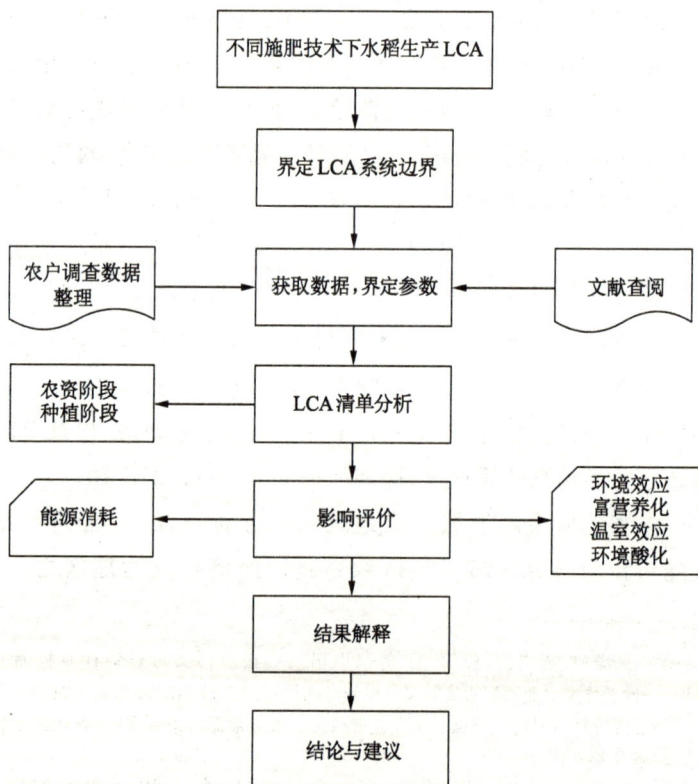

图 3-6 土地利用技术变化碳排放效应分析框架

四、土地利用变化碳排放效应综合分析

通过以上对不同层面土地利用变化产生的碳排放效应进行分析,可以看出宏观土地利用变化导致碳排放增加,而中观和微观土地利用变化可以减少碳排放,因此综合不同层面的土地利用变化可以减缓碳排放的增加速度。探讨土地非农化过程造成碳排放增加的变化规律,并进一步研究如何通过调整土地利用结构和采纳土地利用新技术来减缓碳排放的增加是本书的主要研究内容。土地利用碳排放效应分析框架如图 3-7 所示。

第四节　本章小结

本章在相关概念界定、理论梳理基础上,从理论上分析了宏观层面(土地非农化)、中观层面(土地利用结构调整)及微观层面(土地利用技术变化)土地利用变化对碳排放的影响,并且构建了系统的理论分析框架,用以指导以后章节的实证研究。

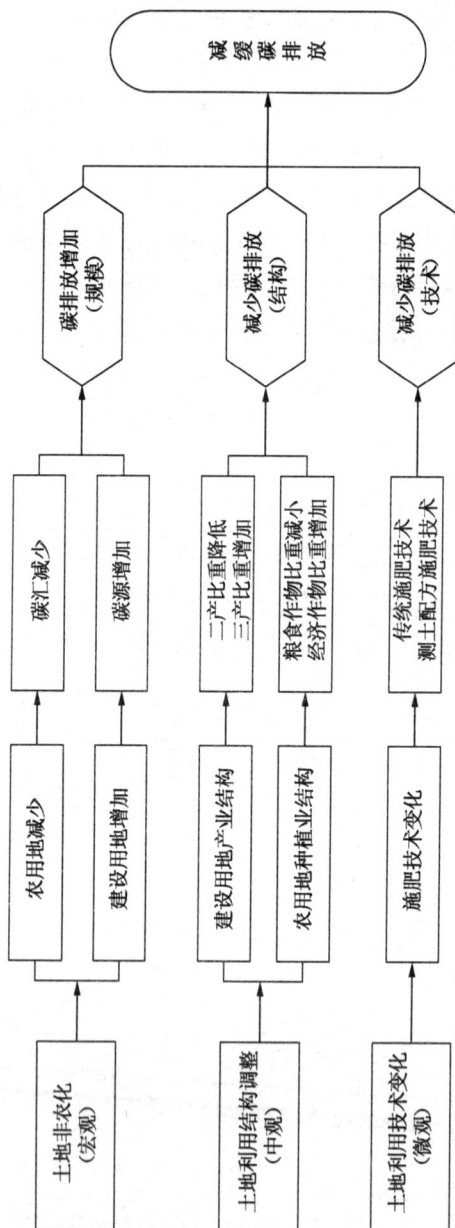

图 3-7 土地利用变化碳排放效应分析框架

第四章　土地非农化碳排放效应分析

　　土地非农化过程能够促进经济的增长,但是对粮食安全、生态安全也造成了一定的负面影响。例如,土地非农化过程使得农用地减少而造成碳汇功能的减弱,建设用地增加而造成碳源功能的增强。当然目前由于农业生产机械化程度不断加强,第一产业由于能源消耗也可能造成碳排放量的增加,但是相对于建设用地所承载的第二产业和第三产业对能源的消耗量数量还是较小的,因此土地非农化过程在一定程度上间接增加了温室气体的排放。鉴于不同地类所承载的不同产业在生产过程中对能源消耗需求的差异,本书借鉴赵荣钦等的研究方法[①],从能源消耗角度分析土地利用变化对碳排放的影响,主要是对土地利用间接碳排放进行分析。

第一节　土地非农化与能源消费碳排放关系

　　土地资源具有位置固定性和自然供给缺乏弹性的特征,人口增长和经济结构调整造成土地利用间的竞争,从而导致土地资源在不同生产部门间的再分配[②]。土地非农化就是土地资源在农业利用与非农建设利用之间竞争配置的结果。这一现象也

---

　　① 赵荣钦,黄贤金:《基于能源消费的江苏省土地利用碳排放与碳足迹》,《地理研究》,2010 年第 9 期。

　　② Lewis W A:《经济增长理论》,周师铭译,商务印书馆,1983 年。

是一个引人注目的全球性的现象,全世界的建设用地(建成区和基础设施面积)大致以每年 1.2％的速度增加[①]。

目前,我国正处于工业化中期和城市化加速的阶段,社会财富以前所未有的速度积累,土地等生产要素也从农业向非农业急剧转移[②]。土地资源在不同部门间的再分配对产业结构调整产生了影响,不同产业在生产过程中对能源的消耗量同时发生变化。1978 年我国共消耗能源 5.7 亿 tce,2008 年达到 28.5 亿 tce,特别是"十五"期间,能源消耗出现了高速增长态势,能源消费增量超过了改革开放 20 年(1981—2000 年)的总和[③]。能源消耗带来的碳排放量也迅速增长,我国能源研究所测算 1978—2008 年化石能源燃烧释放 CO_2 年均增速达到 5.2％[④]。

土地非农化与能源消耗碳排放变化量之间关系程度如何?能否采用能源消耗碳排放量表征土地非农化过程是需要检验的。由于一定程度上,能源消耗碳排放量的变化滞后于土地非农化现象,因此在考虑两者之间的关系时,不是依据"年度"的概念,而是"年度累积"的概念,两者之间的关系见图 4-1 所示。

通过采用 SPSS 18 软件对两变量进行相关性检验,结果表明两变量 Pearson 相关系数(双侧检验)为 0.993,说明两变量之间关系非常显著,因此从能源消费的角度探讨土地非农化与碳排放之间的动态关系是可行的。深入研究我国土地非农化碳排放变化时空特征及变化规律对保护耕地和减少碳排放是有重要意义的。

---

① Meyer W B,Turner Ⅱ B L. Changes in land use and land cover:a global perspective. Cambridge University Press,1994.

② 曲福田,陈江龙,陈会广:《经济发展与中国土地非农化》,商务印书馆,2007 年。

③ 国家发展和改革委员会能源研究所课题组:《中国 2050 年低碳发展之路——能源需求暨碳排放情景分析》,科学出版社,2009 年。

④ 同③。

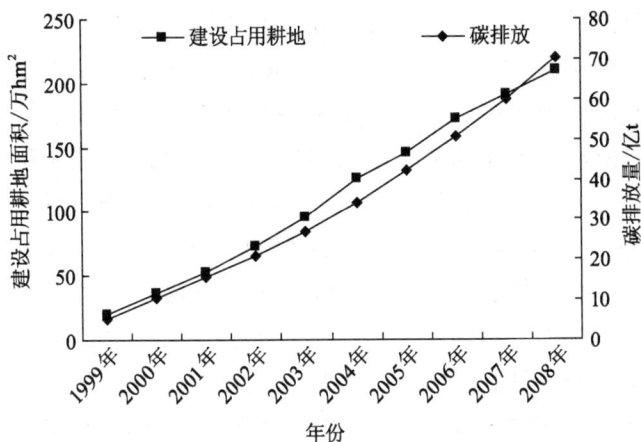

图 4-1 1999—2008 年土地非农化面积与能源消费碳排放量变化图[①]

第二节 土地非农化碳排放特征分析

一、基于能源消费的土地非农化碳排放核算

（一）建立行业能源消费与土地利用类型对应关系

分析土地非农化对碳排放的影响，首先需要建立土地利用类型与各行业能源消费之间的对应关系。土地利用类型采用《全国土地利用分类》（过渡期适用）确定的地类；各产业能源消耗量依据《中国能源统计年鉴》中各省（市、自治区）能源消费平衡表确定。本书对李璞[②]、赵荣钦等[③]已建立的土地利用类型与能源消

---

① 图 4-1 中用建设占用耕地面积表示土地非农化，原因有二：一是因为历年建设占用农用地数据无法获得；二是因为在历年建设用地扩张过程中，有 60% 以上是占用的耕地，因此用建设占用耕地的情况基本上能反映出土地非农化现象。参见曲福田、陈江龙、陈会广著《经济发展与中国土地非农化》，商务印书馆，2007 年。

② 李璞：《低碳情景下建设用地结构优化研究——以江苏省为例》，南京大学硕士毕业论文，2009 年。

③ 赵荣钦、黄贤金：《基于能源消费的江苏省土地利用碳排放与碳足迹》，《地理研究》，2010 年第 9 期。

费对应关系进行了调整,将土地利用类型依据能源消费行业分类情况进行归并,分为三大类五小类,各自对应能源消费平衡表中一个或数个行业(见表 4-1)。赵荣钦等将"其他"能源消费行业对应到特殊用地和未利用地,本书将"其他"与居民点及工矿用地相对应,这样对应是出于以下考虑:一是认为特殊用地(包括国防、名胜古迹、风景旅游、陵园墓地)能源消费已归入居民点及工矿用地中,而不需单列;二是认为未利用(荒草地、盐碱地、河流等)消耗能源数量较小,可以忽略不计;三是王锋等[1]将"其他行业"与"批发、零售业和住宿、餐饮业"合并为"商业",基本与"第三产业"部门统计口径一致,对应到土地类型就是居民点及独立工矿用地。

表 4-1 能源消费行业与土地利用类型对应表

能源消费行业	土地利用二级类		土地利用类型
	李璞、赵荣钦等	本书	
农林牧渔、水利业	耕地、林地、草地、其他农用地、水利设施用地	耕地、林地、草地、其他农用地、水利设施用地	农用地、水利设施用地
工业 建筑业	独立工矿	独立工矿	居民点及独立工矿用地
批发、零售业和住宿、餐饮业	城镇用地	城镇用地	
城镇生活消费			
农村生活消费	农村居民点	农村居民点	
其他	其他用地(包括特殊用地、未利用地)	城镇用地	
交通运输、仓储和邮政业	交通运输用地	交通运输用地	交通用地

---

[1] 王锋,吴丽华,杨超:《中国经济发展中碳排放增长的驱动因素研究》,《经济研究》,2010 年第 2 期。

（二）核算各行业能源消费碳排放

目前,国内外有关能源消费碳排放量的估算方法主要有实测法、物料衡量法和排放系数法,另外也有模型法、生命周期法和综合决策树法等[①]。各种方法各有所长,互为补充。IPCC详细介绍了估算能源消费碳排放的三种方法[②],其中"方法1"是根据能源燃烧发热值、缺省碳含量及缺省氧化碳因子来估算碳排放。此方法相对简单、易于操作、数据易获取,因此得到了广泛使用[③]。其他两种方法对数据和技术要求较高,计算结果较准确,但个人研究者难以做到。因此本书选取"方法1"来估算我国各行业能源终端消费碳排放量,公式如下：

$$C = \sum_{i=1}^{17} E_i \times NCV_i \times \delta_i \times OR_i \qquad (4\text{-}1)$$

式(4-1)中,C指化石能源终端消费碳排放量(万 t);E_i指 i 种能源终端消费量(万 t);NCV_i指 i 种能源净发热值(低位);δ_i 指 i 种能源碳排放因子;OR_i指 i 种能源燃烧氧化率;$i=1,2,\cdots,17$指 17 种能源消费类型[④]。需要说明的是,能源终端消费实物量来源于历年《中国能源统计年鉴》;能源燃烧净发热值参照《中国能源统计年鉴》附录提供的系数,未规定的参照 IPCC 指南中默认数值;缺省碳排放因子采用 IPCC 指南中提供的默认值;能源燃烧氧化率 IPCC 默认为 1,但结合我国能源利用过程中的实际

---

① 张德英：《我国工业部门碳源排碳量估算方法研究》,北京林业大学硕士学位论文,2005 年。

② IPCC/OECD. IPCC guidelines for national greenhouse gas inventories// Eggleston H S, Buendia L, Miwa K, et al. Prepared by the National Greenhouse Gas Inventories Programme. IGES, 2006.

③ 赵荣钦,黄贤金,钟太洋：《中国不同产业空间的碳排放强度与碳足迹分析》,《地理学报》,2010 年第 9 期。

④ 包括原煤、洗精煤、其他洗煤、型煤、焦炭、焦炉煤气、其他煤气、原油、汽油、煤油、柴油、燃料油、液化石油气、炼厂干气、其他石油制品、其他焦化产品和天然气,共 17 种能源类型。

情况，参考有关学者[①]的研究成果确定符合我国实际的参数。具体参数取值见表 4-2 所示。

表 4-2　不同能源发热值、碳排放因子及氧化率表

能源种类	净发热值（低位）/（TJ/万 t，TJ/亿 m³）	CO_2 排放因子（tC/TJ）/%	碳氧化率/%	能源种类	净发热值（低位）/（TJ/万 t，TJ/亿 m³）	CO_2 排放因子（tC/TJ）/%	碳氧化率/%
原煤	209.08	25.8	0.98	其他焦化产品	282.00	29.2	0.98
洗精煤	263.44	25.8	0.98	原油	418.16	20.0	0.99
其他洗煤	94.09	25.8	0.98	汽油	430.70	20.2	0.99
型煤	168.00	25.8	0.98	煤油	430.70	19.6	0.99
焦炭	284.35	29.2	0.98	柴油	426.25	20.2	0.99
焦炉煤气	1735.00	12.1	0.995	燃料油	418.16	21.1	0.99
其他煤气	1827.00	12.1	0.995	液化石油气	501.79	17.2	0.995
炼厂干气	460.55	15.7	0.995	天然气	3 893.10	15.3	0.995
其他石油制品	401.90	20.0	0.99				

注：(1) 原煤、洗精煤、其他洗煤和型煤碳排放系数未在 IPCC 指南中提供，因此参照刘红光等[②]的处理方法确定；(2) 焦炉煤气、其他煤气和天然气净发热值单位是 TJ/亿 m³，其他能源种类净发热值单位均为 TJ/万 t。

（三）核算能源消费碳强度

能源消费碳强度是指单位国内生产总值的碳排放量，依据式(4-2)计算：

$$CI_t = \frac{C_t}{GDP_t} \qquad (4-2)$$

---

① Fan Y, Liang Q M, Okada N. A model for China's energy requirements and CO_2 emission analysis. Environmental Modelling & Software, 2007, 22(3).

② 刘红光, 刘卫东, 唐志鹏：《中国产业能源消费碳排放结构及其减排敏感性分析》,《地理科学进展》, 2010 年第 6 期。

式(4-2)中，C_t指 t 年能源消费碳排放量(万 t)；GDP_t指 t 年地区生产总值(亿元)；CI_t指 t 年碳强度(t/万元)。为了更真实地反映我国经济发展水平，消除通货膨胀等因素的影响，GDP采用 1978 年不变价。

为了反映土地碳排放对环境造成的压力，本书借鉴碳强度概念，引入土地碳排放强度概念，即各类用地单位面积碳排放，该指标能较好地反映各类用地碳排放状况的对比关系。该指标值数值越大，表示其产生的生态环境压力越大。因此，本书在能源消费行业与土地利用类型对应基础上，对我国各种土地利用类型的碳强度进行了计算，计算方法见式(4-3)。当然，土地只是起承载不同产业的功能，其本身并不是碳源。因此此处的土地碳排放强度不代表土地本身的碳排放，只是表示土地承载的不同产业在其生产过程中由于能源消耗而产生的碳排放。

$$CI_k = \frac{C_k}{S_k} \qquad (4-3)$$

式(4-3)中，C_k指第 k 种土地利用类型碳排放量(万 t)，通过将土地利用类型与能源消耗行业相对应，获取不同土地利用类型碳排放量；S_k指第 k 种土地利用类型面积(hm^2)；CI_k指第 k 种土地利用类型碳强度(万 t/hm^2)；$k=1,2,3$ 指三种土地利用类型。

（四）能源消费碳足迹

本书中的能源消费碳足迹指的是生态足迹的其中一部分，指用生产性土地面积(林地、草地)来度量对经济规模主体的能源消费碳排放的吸收水平。林地、草地是陆地生态系统主要的碳汇，因此本书主要考虑这两种植被类型的碳吸收能力。由于农作物生命周期较短，故未考虑作物生育期内对碳的吸收量。净生态系统生产力(net ecosystem productivity，NEP)反映了植被的固碳能力，即 1 hm^2 植被 1 年的碳吸收量，因此本书选择林地 NEP、草地 NEP 反映这两种植被的碳吸收能力，见表 4-3。

表 4-3 主要植被碳吸收系数表 ①

	森林	草地
$NEP/(t/hm^2)$	3.809 592	0.948 229
消耗 1 t 碳用地/(hm^2/t)	0.262 495	1.054 597

根据能源消费碳足迹的定义,确定计算过程如下:

(1) 根据森林和草地的 NEP 系数计算森林和草地的碳吸收量及比例关系;

(2) 根据森林、草地各自的 NEP 及两者对碳吸收的比例关系,计算吸收 1 t 碳所需要的生产性土地面积;

(3) 计算能源消费碳排放量;

(4) 计算能源消耗碳排放需要的生产性土地面积,即碳足迹。

能源消费碳足迹计算公式如式(4-4)所示:

$$FP = \sum_{k=1}^{3} \left(\frac{C_k \times Per_f}{NEP_f} + \frac{C_k \times Per_g}{NEP_g} \right) \quad (4-4)$$

式(4-4)中,C_k 指第 k 种土地类型的能源消费碳排放量(t);Per_f 指林地吸收碳的比例(%),根据步骤(1)得到;NEP_f 指林地 NEP(t/hm^2);Per_g 指草地吸收碳的比例(%),根据步骤(1)得到;NEP_g 指草地 NEP(t/hm^2);FP 指土地能源消费碳足迹(hm^2);$k=1,2,3$ 指三种土地利用类型。

二、时间变化特征

受已获取土地数据及能源消费统计口径的限制,尚不能精确定量不同时期土地非农化引致的碳排放变化量。但是可以通过不同地类不同时期碳排放总量变化,间接总结土地非农化对碳排放的影响。

1980—2008 年我国终端能源消耗碳排放量(见附录 1)呈波

---

① 谢鸿宇,陈贤生,林凯荣,等:《基于碳循环的化石能源及电力生态足迹》,《生态学报》,2008 年第 4 期。

动上升趋势,特别是 2001 年以后增长速度较快。碳强度总体呈下降趋势,但是 2001 年之后又呈现上升趋势。总地均碳强度变化趋势与碳排放总量变化趋势一致。

依据表 4-1 将能源消耗行业与土地利用类型相对应,核算 2002—2008 年[①]不同土地利用类型承载行业能源消耗碳排放量及碳强度(表 4-4)。

表 4-4　不同土地利用类型碳排放量变化表

年份	农用地、水利设施用地		居民点及工矿用地		交通用地	
	碳排放量/万 t	地均碳强度/(t/hm²)	碳排放量/万 t	地均碳强度/(t/hm²)	碳排放量/万 t	地均碳强度/(t/hm²)
2002 年	2 398.26	0.04	45 594.97	18.17	5 706.33	27.48
2003 年	2 436.51	0.04	50 949.44	20.10	6 539.53	30.49
2004 年	2 976.14	0.04	61 159.15	23.77	7 745.33	34.68
2005 年	3 042.40	0.05	68 360.48	26.28	8 665.11	37.54
2006 年	3 172.27	0.05	72 933.99	27.67	9 676.59	40.41
2007 年	3 116.50	0.05	77 692.60	29.16	10 801.55	44.19
2008 年	1 923.59	0.03	90 549.86	33.64	11 935.07	47.81

①　选择 2002 年为起始年的原因如下:一是因为历年《中国统计年鉴》所公布数据较土地详查数据准确性不高,并且统计口径存在差异,故无法采用;二是因为国土资源部(1997 年之前为国家土地管理局)自 1987 年开始公布土地数据,但是土地利用分类体系几经变革,并且 1996 年前后土地数据出现跳跃,一般认为 1996 年之后每年公布的土地利用详查数据相对精确度较高,比较符合我国的实际情况(李效顺:《基于耕地资源损失视角的建设用地增量配置研究》,南京农业大学博士学位论文,2010 年。封志明,刘宝勤,杨艳昭:《中国耕地资源数量变化的趋势分析与数据重建:1949—2003》,《自然资源学报》,2005 年第 1 期)。因此选择 1996 年之后公布土地数据。未考虑 1996—2001 年是因为在此期间土地分类体系发生变化(由 8 类变化为过渡期间使用的 3 大类),由于从历年《全国土地利用变更调查报告》中无法获取详细的三类土地类型面积,故无法重新将原地类转换为新的地类体系。基于以上原因,本书核算了 2002—2008 年土地利用碳排放量。

从碳排放总量来看,农用地、水利设施用地碳排放量较少,所占比例也较小,2008 年碳排放量占三种地类碳排放总量的比例仅为 1.84%。居民点及工矿用地的碳排放总量远远高于其他两种地类,并且上升速度较快,年平均增速达到 12.11%。交通用地碳排放总量呈增长趋势,年均增长速度略快于居民点及工矿用地,达到 13.09%。因此,土地非农化过程一定程度上显著增加了建设用地的碳排放总量。

从碳排放强度来看,三种土地利用类型碳强度存在较大差异。其中,农用地、水利设施用地碳强度最小且变动不大,平均值仅为 0.04 t/hm²,说明该地类农业生产消耗能源产生的碳排放对环境的压力不大。建设用地中居民点及工矿用地虽然碳排放总量最大,但是其碳强度却小于交通用地,平均值为 25.54 t/hm²,总体呈增长趋势,年均增长速度为 10.81%。交通用地碳强度最大,平均为 37.51 t/hm²,并且一直处于增长趋势,年均增长速度为 9.67%,可见我国交通运输业的快速发展带来能源消费的快速增长,对环境的压力也不断加大。因此可以看出我国土地非农化过程中,土地利用碳强度呈增长趋势,特别是农用地转换为交通用地显著增加了土地利用碳强度。

从附录 1 可以看出,1999—2008 年我国整体上终端能源消费[①]碳排放产生的碳足迹并未造成生态赤字,还存在一定的生态盈余,但是生态盈余数量不断减少,从 1999 年的 25 758.60 万 hm² 下降到 2008 年的 4 570.77 万 hm²,碳吸收平均增长速度为 0.28%,远远小于碳排放增长速度 7.72%。这说明能源消费碳排放造成的生态环境压力不断增强。

---

① 考虑能源类型仅包括煤炭、油类及天然气三大类(17 种类型),未考虑电力、热能及其他能源。

由表 4-5 可知 1999—2008 年各土地类型的碳足迹变化情况。三地类总碳足迹逐渐增加,年平均增速为 7.58%。其中农用地及水利设施用地碳足迹变化先增长后下降,所占比例呈波动变化趋势。居民点及工矿用地碳足迹总量及所占比例一直较大,随着碳足迹总量的不断增长,其所占比例变化不大,平均值为 85.46%。交通用地碳足迹逐渐增大,所占比例总体呈上升趋势。不同地类碳足迹的变化能够间接说明我国土地非农化造成的碳足迹的不断增加,对生态环境的压力不断增强。

表 4-5 不同土地利用类型碳足迹变化表①

年份	农用地、水利设施用地		居民点及工矿用地		交通用地		总碳足迹 /万 hm²
	碳足迹 /万 hm²	比例 /%	碳足迹 /万 hm²	比例 /%	碳足迹 /万 hm²	比例 /%	
1999 年	987.66	4.20	20 387.44	86.73	2 132.99	9.07	23 508.09
2000 年	993.41	4.37	19 471.32	85.60	2 281.94	10.03	22 746.67
2001 年	1 006.75	4.44	19 354.18	85.29	2 331.99	10.28	22 692.92
2002 年	1 050.07	4.47	19 963.52	84.91	2 498.49	10.63	23 512.07
2003 年	1 063.49	4.07	22 238.46	85.02	2 854.38	10.91	26 156.33
2004 年	1 296.55	4.14	26 643.97	85.08	3 374.25	10.78	31 314.77
2005 年	1 323.33	3.80	29 734.25	85.38	3 769.00	10.82	34 826.57
2006 年	1 378.80	3.70	31 700.21	85.02	4 205.86	11.28	37 284.87
2007 年	1 354.44	3.40	33 765.57	84.81	4 694.40	11.79	39 814.42
2008 年	836.00	1.84	39 353.32	86.73	5 187.03	11.43	45 376.35

① 此处考虑时间趋势是从 1999—2008 年,不同于表 4-4 的主要原因是核算各地类碳足迹时,土地面积只涉及林地、草地,而这两类土地面积不存在新旧土地利用分类体系间的相互转换问题,在两个分类体系中所指代的类型是一致的。

三、空间变化特征

为了整体反映各省(市、自治区)土地碳排放的空间差异,以及消除年际偶然波动造成的影响,本书采用 2002—2008 年各指标平均值来反映我国 30 个省(市、自治区)的碳排放情况(见附录 2)。

1988—1996 年及 1999—2004 年的 15 年间,东部地区[①]耕地转为建设用地数量占全国总量的 51.19%,中部地区占 35.16%,西部地区占 13.65%;我国东部地区土地非农化依次流向城镇工矿用地、交通用地和水利工程用地,中部地区土地非农化依次流向水利工程用地、交通用地和城镇工矿用地,西部地区土地非农化依次流向农村居民点用地、城镇用地、交通用地和水利工程用地[②]。

结合我国土地非农化趋势分析我国土地利用碳排放空间特征。从附录 2 可以看出,我国农用地及水利设施用地、居民点及工矿用地与交通用地碳排放量及碳强度空间差异较显著。

农用地及水利设施用地碳排放量相对较大的省(市、自治区)主要集中于我国的农业大省(如黑龙江、山东、湖北、湖南)和经济较发达省份(如浙江),主要原因一方面是由于农地面积较大,另一方面是由于经济较发达地区农业生产机械化程度较高。西北地区大部分省份碳排放总量相对较低,同时该地区土地非农化速度和数量相对较小。很多省份该地类碳强度与碳排放总量所处层次不一致,如北京、天津、上海等经济较发达地区,由于农用地面积较小,机械化程度较高导致碳强度较大。特别是上

---

① 东部地区包括北京、天津、河北、辽宁、上海、江苏、浙江、福建、山东、广东和海南;中部地区包括四川、重庆、山西、内蒙古、吉林、黑龙江、安徽、河南、江西、湖北和湖南;西部地区包括贵州、云南、西藏、陕西、甘肃、青海、宁夏、新疆和广西。

② 曲福田,陈江龙,陈会广:《经济发展与中国土地非农化》,商务印书馆,2007 年。

海市,耕地数量的迅速减少使得农用地碳排放总量小于全国平均水平,但是碳强度却是全国最高值,为 1.17 t/hm²。

东部地区和中部地区是我国土地非农化的集中区域,依据土地非农化流向可知居民点及工矿用地、交通用地碳排放量将呈增加趋势。由附录 3 可以看出,居民点及工矿用地碳排放量较大的省(市、自治区)主要集中在东部的辽宁、河北、山东、江苏和广东,以及中部的内蒙古、山西、河南、四川、湖北、湖南,西部省份碳排放量相对较小。交通用地碳排放总量较大的省(市、自治区)主要集中于我国东部,如辽宁、山东、江苏、上海、广东,多是我国经济较发达地区;经济欠发达地区,如西北部的宁夏、甘肃、青海,以及处于长江中游的安徽、江西等省份交通用地碳排放量较小。值得注意的是中部地区土地非农化流向交通用地所占比例比东部地区高 4.57%。由表 4-4 可知,交通用地地均碳强度是高于居民点及工矿用地地均碳强度的,因此中部地区是未来土地非农化引致碳排放增加更值得关注的地区。西部地区土地非农化主要流向农村居民点及交通用地等,与东部和中部相比较而言,流向工矿用地比例较小,因此西部地区土地非农化引致碳排放增加的作用程度小于东部和中部。

为了深入了解各省(市、自治区)土地非农化对生态环境造成的压力,本书计算了 2000—2008 年全国 29 个省(市、自治区)能源消耗碳足迹的变化,以碳足迹表征生态环境压力。限于篇幅,附录 3 只列出了各省(市、自治区)2000 年、2008 年及2000—2008 年各地类碳足迹的平均值。从全国各省(市、自治区)来看,河北省总碳足迹最大,平均值达到 2 034.06 万 hm²,海南省最小,为 85.64 万 hm²。各省(市、自治区)不同土地利用类型的碳足迹所占比例是不同的。居民点及工矿用地碳足迹在各省(市、自治区)都占有较大比例,说明该地类能源消耗量大,其中所占比例最小的是新疆 58.35%,最大为河北

94.48%;其次为交通用地碳足迹,所占比例在 4.53%～26.35%;农用地、水利设施用地所占比例最小。由附录 3 可以看出,不同地类碳足迹在全国的分布与变化趋势存在较大差异。农用地、水利设施用地碳足迹新疆、内蒙古、山东及黑龙江等较大,呈现从西部向中部、东部逐渐降低的趋势;居民点及工矿用地碳足迹呈现从东部向西部逐渐减小的趋势,其中河北、山东、辽宁、山西等省份碳足迹较大,而新疆、青海等西部地区较小;交通用地碳足迹在全国变化趋势不明显,其中西部的新疆,中部的内蒙古、四川,东部的辽宁、山东、广东、浙江等省(市、自治区)碳足迹较大。

由于我国各省(市、自治区)能源消耗及生产性土地面积存在差异,故各省(市、自治区)的生态赤字状况也是不同的,这与各省碳足迹差异是有些不同的。结合附录 3 可以看出,山东省生态赤字最高,达到 1 763.26 万 hm²,另外河北、江苏、河南、山西、上海等省(市、自治区)生态赤字也较大;而另一些省(市、自治区)由于生产性土地面积较大,而且碳排放量较小而出现了生态盈余,这些省(市、自治区)主要集中于中西部地区,如内蒙古、新疆、青海、四川、黑龙江、云南、甘肃等,其中内蒙古生态盈余最高,为 7 691.10 万 hm²,也就是说这些省(市、自治区)由于能源消耗碳排放量小而且植被覆盖率高,是完全能够吸收土地所承载产业自身终端化石能源消耗所产生的碳排放量的。还需要说明的是,一些省份在 2000—2008 年期间,由生态盈余逐渐转变为生态赤字,如湖南、广东和浙江,这些省份植被覆盖率较高,生态赤字更主要的是由于能源消耗量迅速增加所致。

第三节　土地非农化碳排放与经济增长关系分析

我国目前正处于工业化和城市化中期阶段[①]，未来将迎来工业化、城市化与人口增长的高峰，因此对资源的刚性需求还将继续增加，特别是对能源与土地的需求，因此未来也将是经济发展与资源环境保护之间的矛盾尖锐期。特别是在我国大力提倡节能减排、发展低碳经济的背景下，探讨如何实现能源消耗减少、耕地保护与经济增长的"共赢"就显得特别重要。

近年来，国内外学者的研究主要集中于两个方面：一是经济增长与能源消耗之间的关系。已有研究认为两变量之间的因果关系既有单向的，也有双向的；既有长期的，也有短期的，研究结论还不统一。如 Wankeun 等[②]发现韩国的能源消耗与 GDP 之间长期存在双向因果关系，短期存在从能源消耗到 GDP 的单向因果关系；韩智勇等[③]研究结果表明我国的能源消耗与经济增长之间存在双向因果关系，但不具有长期协整性；林伯强[④]运用生产函数验证了我国电力消费与经济增长具有内生性，并且两者是互相联系的；谢品杰[⑤]对我国城市化水平与能源消耗之间的关系进行了检验，发现两者之间具有长期稳定的均衡关系。另一个研究热点是耕地资源变化与经济增长之间的关系，如叶

[①]　李晓西，张琦：《新世纪中国经济报告》，人民出版社，2006 年。

[②]　Wankeun Oh，Kihoon Lee. Causal relationship between energy consumption and GDP revisited：the case of Korea 1970—1999. Energy Economics，2004，26.

[③]　韩智勇，魏一鸣，焦建玲，等：《中国能源消费与经济增长的协整性与因果关系分析》，《系统工程》，2004 年第 12 期。

[④]　林伯强：《电力消费与中国经济增长：基于生产函数的研究》，《管理世界》，2003 年第 11 期。

[⑤]　谢品杰：《我国城市化进程中的能源消费效应分析》，华北电力大学博士学位论文，2009 年。

浩等①研究结果表明江苏省耕地面积变化与经济增长之间不具有长期协整性,只存在单向因果关系;陈利根等②却发现我国耕地资源数量与经济发展之间存在长期均衡关系,但在短期内却是失衡的;许广月③运用面板数据检验了我国耕地资源与经济增长之间的关系,发现两者之间存在长期协整关系。在曲福田等④提出耕地资源库兹涅茨曲线假说后,包括蔡银莺等⑤和何蓓蓓等⑥在内的许多学者对其是否存在进行了检验,结果都得出了该曲线存在的结论。以上研究都证实了能源消耗与耕地流失促进了我国经济的发展,但是从能源消费角度分析土地利用变化(土地非农化)碳排放与经济增长之间的关系还未进行过研究。探讨两者之间的关系对我国制定环境经济政策、指导经济社会实现低碳发展具有重大的现实意义。

目前关于碳排放与经济增长之间关系的研究多是采用时间序列和面板数据直接进行实证分析,其中有很大一部分研究⑦⑧并未考虑数据是否平稳,以及数据之间是否存在长期协整关系,

---

① 叶浩,濮励杰:《江苏省耕地面积变化与经济增长的协整性与因果关系分析》,《自然资源学报》,2007年第5期。

② 陈利根,龙开胜:《耕地资源数量与经济发展关系的计量分析》,《中国土地科学》,2007年第4期。

③ 许广月:《耕地资源与经济的增长关系:基于中国省级面板数据的实证分析》,《中国农村经济》,2009年第10期。

④ 曲福田,吴丽梅:《经济增长与耕地非农化的库兹涅茨曲线假说及验证》,《资源科学》,2004年第5期。

⑤ 蔡银莺,张安录:《耕地资源流失与经济发展的关系分析》,《中国人口·资源与环境》,2005年第5期。

⑥ 何蓓蓓,刘友兆,张健:《中国经济增长与耕地资源非农流失的计量分析——耕地库兹涅茨曲线的检验与修正》,《干旱区资源与环境》,2008年第6期。

⑦ 胡初枝,黄贤金,钟太洋,等:《中国碳排放特征及其动态演进分析》,《中国人口·资源与环境》,2008年第3期。

⑧ 郭运功,汪冬冬,林逢春:《上海市能源利用碳排放足迹研究》,《中国人口·资源与环境》,2010年第2期。

因此模型拟合结果还需进一步考虑,所得结论也值得商榷。本书拟采用近年来应用较广泛的协整理论[①][②],Granger 因果关系检验法检验土地碳排放与经济增长之间的关系,并采用指数分解法从经济增长的结构效应(包括能源结构效应、产业结构效应)、规模效应(包括土地产出效应、土地规模效应)与技术效应(指能源强度效应)三个方面分析经济增长对土地碳排放的影响。

一、研究方法与数据来源

(一)碳排放与经济增长因果关系检验

1. 模型设计与变量说明

土地非农化是基于土地利用效益大小在农业利用和建设利用之间竞争配置的结果。在市场经济条件下,生产者依据经济利益来配置资源。一般来讲,农用地利用效益远远低于非农建设用地利用效益,因此在单纯的市场机制条件下农用地会不断地转换为建设用地。在这个过程中,一方面促进了经济的不断增长;另一方面,由于建设用地(包括工业、交通、居民点等用地)能源需求远远大于农业用地(耕地、林地、草地等),因此土地的能源消耗量也会不断增加,同时造成碳排放量增加。从以上分析可以看出,在不考虑其他因素的条件下,是经济利益的驱动引致土地非农化现象的发生,进一步导致碳排放量的增加,因此本书构建以下表示土地非农化碳排放与经济增长关系的计量模型,如式(4-5)所示。为了反映效率,两个变量均是"均值"概念,而非"总量"的概念。

$$\ln ALC_{it} - \alpha_i + \beta_i \ln GDP_{it} + \varepsilon_{it} \qquad (4-5)$$

式(4-5)中,ALC_{it} 指 i 省(市、自治区)第 t 年单位面积土地

---

① 韩智勇,魏一鸣,焦建玲,等:《中国能源消费与经济增长的协整性与因果关系分析》,《系统工程》,2004 年第 12 期。

② 许广月:《耕地资源与经济的增长关系:基于中国省级面板数据的实证分析》,《中国农村经济》,2009 年第 10 期。

碳排放量(t/hm^2)；GDP_{it}指i省（市、自治区）第t年人均 GDP（万元/人）；α_i指截距项，表示i省（市、自治区）的固定效应；β_i指协整系数；ε_{it}表示随机误差。

经济增长用人均 GDP 表示，其中地区生产总值是 2000 年不变价；土地面积是农用地与建设用地面积之和，因为核算土地利用碳排放时并未考虑未利用地。地均碳排放用单位土地面积碳排放量表示，其中土地面积同上；碳排放量来源于以上核算的农用地、水利设施用地、居民点及工矿用地，以及交通用地碳排放量的总和。为了避免数据的波动性，消除原始数据可能存在的异方差，对以上两个变量的数值均进行了取对数处理。

在应用经济计量模型进行估算时所使用的数据通常包括三种：一是时间序列数据；二是横截面数据；三是面板数据。由于时间序列和横截面数据搜集比较困难，且样本量较小，故模型估计结果可能存在不稳定性。面板数据综合了时间序列和截面数据，扩大了样本容量，增加了数据的自由度，从而提高了模型模拟结果的精度。因此本书拟采用省际面板数据验证经济增长与土地碳排放之间的关系。面板数据样本区间是 2002—2008 年；样本截面是我国 28 个省（市、自治区）。

2. 协整关系及因果关系检验

在对变量序列进行模型拟合前，首先需要验证数据序列是否平稳：若平稳，则可构造回归模型等经典计量经济学模型；若非平稳，就需要对序列进行差分。若所有检验序列均服从同阶单整，则可以做协整检验，判断变量间是否存在长期均衡关系。

（1）数据平稳性检验

传统的计量经济学模型都要求时间序列变量是平稳的[①]，

----

① 时间序列平稳指的是该序列的生成过程不随时间的变化而变化，具有稳定的均值、方差和协方差。

如果时间序列是非平稳的，进行回归就容易导致"伪回归"（spurious regression）现象[1]。在现实中，大部分的时间序列数据都是非平稳的（带有明显的时间变化），直接进行回归模拟得出的关系有可能是不可靠的。因此，在进行回归分析之前需要对变量进行平稳性检验。

数据平稳性检验通常采用单位根检验法（unit root test）。面板数据单位根检验法可以分为两大类：一类为相同根情形下的单位根检验，这类检验方法假设面板数据中的各截面序列具有相同单位根过程（common unit root process）；另一类为不同根情形下的单位根检验，这类检验方法允许面板数据中的各截面序列具有不同单位根过程（individual unit root process）。其中第一类中代表性的检验方法包括 LLC 检验[2]、Breitung 检验[3]和 Hadri 检验[4]；第二类中具有代表性的检验方法包括 Im-Pesaran-Skin 检验[5]、Fisher-ADF 检验和 Fisher-PP 检验[6]。需要说明的是，Hadri 检验与其他检验方法的原假设不同，该种检验方法原假设是序列不含有单位根，其他几种检验方法原假设则是原序列含有单位根。

如果序列在经过 d 次差分后变为平稳序列，而这个序列在经过

---

①　邹平：《金融计量学》，上海财经大学出版社，2005 年。

②　Levin A，Lin C F，Chu C. Unit root tests in panel data：asymptotic and finite-sample lewis，properties. Journal of Econometrics，2002，108.

③　Breitung Jorg. "The local power of some unit root tests for panel data" in Baltagi B(ed). Advances in Econometrics，15：Nonstationary Panels，Panel Cointegration，and Dynamic Panels，JAI Press，2000.

④　Hardi Kaddour. Testing for stationarity in heterogeneous panel data. Econometric Journal，2000，3.

⑤　Im K S，Pesaran M H，Shin Y. Testing for unite roots in heterogeneous panels. Journal of Econometrics，2003，115.

⑥　Maddala G，Wu S S. A comparative study of unite root tests with panel data and a new simple test. Oxford Bulletin of Econometrics and Statistics，1999，61.

$d-1$ 次差分后却不平稳,则该序列被称为 d 阶单整(integration)序列,记为 $I(d)$。因此,如果原序列在无差分情况下,拒绝原假设,则该序列无单位根,是稳定的零阶单整序列,记为 $I(0)$;相应地,如果原序列在无差分情况下不能拒绝原假设,但在一阶差分情况下拒绝原假设,则该序列是一阶单整序列,记为 $I(1)$。

(2) 面板数据的协整检验

面板数据的协整检验方法可以分为两大类,一类是建立在 Engle and Granger 两步法检验基础上的面板协整检验,具体包括 Pedroni 检验和 Kao 检验;另一类是建立在 Johansen 协整检验基础上的面板协整检验[1]。本书采用 Pedroni 提出的异质面板数据协整检验方法[2],用来检验两变量之间是否存在长期的协整关系。该方法以协整方程的回归残差为基础,通过构造 7 个统计量来检验面板数据间的协整关系[3],应用较广泛。该模型形式为

$$y_{it} = \alpha_i + \delta_i t + x_{it}\beta_i + \mu_{it} \tag{4-6}$$

式(4-6)中,α_i,β_i 分别指每个截面的个体和趋势效应;μ_{it} 指残差;$i=1,2,\cdots,N$,N 为样本单位数目;$t=1,2,\cdots T$,T 指样本时间跨度。

在通过式(4-6)获得残差序列后,利用辅助回归检验残差序列是否为平稳序列,辅助回归形式如下:

$$\mu_{it} = \rho_i \mu_{it-1} + \nu_{it} \tag{4-7}$$

式(4-7)中,ρ_i 指第 i 个截面个体的残差自回归系数。在对残差进行平稳性检验时,使用的原假设(不存在协整关系)和备

---

① 高铁梅:《计量经济分析方法与建模——Eviews 应用及实例(第二版)》,清华大学出版社,2009 年。

② Pedroni P. Critical values for cointegration tests in heterogeneous panels with multiple regressors. Oxford Bulletin of Economics and Statistics,1999,61.

③ Sadullah C,Seda U. Comparison of simple sum and divisia monetary aggregates using panel data analysis. International Journal of Social Sciences and Humanity Studies, 2009,1(1).

择假设（存在协整关系）分为以下两种：

（1）$H_0 : \rho_i = 1$　$H_1 : (\rho_i = \rho) < 1$；

（2）$H_0 : \rho_i = 1$　$H_1 : \rho_i < 1$。

第一种情形称作维度内（within-dimension）检验，主要检验同质面板数据间的协整关系，构建了四个面板（panel）统计量对原假设进行检验；第二种情形称作维度间（between-dimension）检验，主要检验异质面板数据间协整关系，构建了三个组（group）统计量对原假设进行检验。Pedroni 证明了在假定条件下，上述 7 个统计量都渐进服从标准正态分布，因此可以用来进行统计检验。

（3）Granger 因果关系检验

长期协整关系只是表明两个变量间存在"长期均衡"的关系，而实际经济数据往往是由"非均衡过程"生成，而且并不明确两个变量间的具体作用方向。经济学上确定一个变量是否是另一个变量的原因多采用格兰杰因果关系检验（Granger Test of Causality）方法。传统的因果关系检验指的是相对于不加入变量 x 的滞后值，如果加入后能提高变量 y 的预测精度，则称变量 x 为变量 y 的 Granger 原因。因此本书拟在序列平稳性检验及长期均衡关系检验基础上，采用 E-G 两步法程序构建的面板误差修正模型（error correction model，ECM）进行因果关系检验。该方法的第一步是通过协整回归得到残差序列；第二步是将估计出的残差作为自变量，构建面板误差修正模型：

$$
\begin{cases}
\Delta \ln ALC_{it} = \alpha_1 + \sum_{l=1}^{m} \beta_{1i} \Delta \ln ALC_{it-1} + \sum_{i=1}^{m} \gamma_{1i} \Delta \ln GDP_{it-l} + \\
\qquad \lambda_{ALC_i} ecm_{it-1} + \mu_{1it} \\
\Delta \ln GDP_{it} = \alpha_2 + \sum_{l=1}^{m} \lambda_{2i} \Delta \ln GDP_{it-1} + \sum_{i=1}^{m} \beta_{2i} \Delta \ln ALC_{it-1} + \\
\qquad \lambda_{GDP_i} ecm_{it-1} + \mu_{2it}
\end{cases}
$$

$$(4\text{-}8)$$

式(4-8)中，Δ 指一阶差分运算；ecm_{it-1} 表示长期均衡误差的滞后项；m 指滞后阶数。如果 λ_{ALC_i}，λ_{GDP_i} 为零的原假设被拒绝，则说明土地非农化碳排放与经济增长之间存在长期因果关系，反之则不存在。如果 γ_{1i}，β_{2i} 为零的原假设被拒绝，则说明两个变量之间短期因果关系成立，反之则不成立。

（二）经济增长效应分解

对碳排放影响因素进行研究的方法中，指数分解法是应用较多的方法，其中 Laspeyres 和 Divisia 分解法是目前最为常用的方法。Ang 等提出了 Divisia 指数分解法（logarithmic mean divisia index method，LMDI）[1]。该方法是一种完全分解方法，不产生残差，并且具有乘法形式和加法形式，易于转换、选择任何一种形式都是无差异的优点，故得到了广泛的应用[2][3][4][5]。本书借鉴该方法分析经济增长的不同效应对土地碳排放的影响。

1. 模型构建与指标选择

Kaya 恒等式是日本教授 Yoichi Kaya 在 IPCC 的一次研讨会上提出的，通常用于分析国家层面碳排放变化的影响因素[6]，

① Ang B W，Zhang F Q，Choi K H. Factorizing changes in energy and environmental indicators through decomposition. Energy，1998，23(6).

② 徐国泉，刘则渊，姜照华：《中国碳排放的因素分解模型及实证分析：1995—2004》，《中国人口·资源与环境》，2006 年第 6 期。

③ 宋德勇，卢忠宝：《中国碳排放影响因素分解及其周期性波动研究》，《中国人口·资源与环境》，2009 年第 3 期。

④ 王锋，吴丽华，杨超：《中国经济发展中碳排放增长的驱动因素研究》，《经济研究》，2010 年第 2 期。

⑤ Wu L，Kaneko S，Matsuoka S. Driving factors behind the stagnancy of China's energy related CO_2 emission from 1996 to 1999：the relative importance of structural change，intensity change and scale change. Energy Policy，2005，33(3).

⑥ Yoichi Kaya. Impact of carbon dioxide emission on GNP growth：interpretation of proposed scenarios. Presentation to the Energy and Industry Subgroup，Response Strategies Working Group，IPCC，1989.

表达式如下：

$$C = \frac{C}{E} \times \frac{E}{GDP} \times \frac{GDP}{P} \times P \qquad (4\text{-}9)$$

式(4-9)中，C 指二氧化碳排放量；E 指能源消耗量；GDP 指国内生产总值；P 指国内人口数量；C/E 代表能源结构碳强度；E/GDP 代表能源强度。

该恒等式考察变量有限，仅包含了能源、经济、人口等因素。有研究表明，碳排放不仅与能源消费规模及经济社会发展有关，而且与能源利用效率及主导产业类型密切相关[①]。考虑到土地利用所承载产业能源消耗的特点，本书引入表示产业结构、能源结构及能源利用效率的变量，对 Kaya 恒等式进行扩展，扩展后表达式如下：

$$C = \sum_i \sum_j \frac{C_{ij}}{E_{ij}} \times \frac{E_{ij}}{E_i} \times \frac{E_i}{GDP_i} \times \frac{GDP_i}{GDP} \times \frac{GDP}{P} \times P$$

$$(4\text{-}10)$$

式(4-10)中，C，GDP 与 P 的含义同上；i 指产业类型；j 指能源类型(主要分为煤炭、石油、天然气三大类)；E_{ij} 指 i 产业 j 种能源消耗量(万 tce)；GDP_i 指 i 产业增加值(亿元)；E_i 指 i 产业能源消耗总量(万 tce)。

本书研究土地非农化碳排放，故将式(4-10)变量进行调整，将人口变量调整为土地变量，得到分析不同效应的恒等式。调整后的表达式如下：

$$LC = \sum_i \sum_j \frac{LC_{ij}}{E_{ij}} \times \frac{E_i}{GDP_i} \times \frac{E_{ij}}{E_i} \times \frac{GDP_i}{GDP} \times \frac{GDP}{L} \times L$$

$$(4\text{-}11)$$

---

① 高振宇，王益：《我国生产用能源消费变动的分解分析》，《统计研究》，2007年第 3 期。

令 $f_{ij}=\dfrac{LC_{ij}}{E_{ij}},g_{ij}=\dfrac{E_{ij}}{E_i},l_i=\dfrac{E_i}{GDP_i},m_i=\dfrac{GDP_i}{GDP},s=\dfrac{GDP}{L},k=$

L ,则式(4-11)可以表达为

$$LC = \sum_i \sum_j (f_{ij} \times g_{ij} \times l_i \times m_i \times s \times k) \qquad (4-12)$$

式(4-12)中,LC 指土地碳排放量(万 t);f_{ij} 指不同能源类型碳排放系数,为固定值;g_{ij} 指 j 种能源在 i 产业能源消耗中所占比例(%);l_i 指 i 产业单位 GDP 能源消耗量(tce/万元),即能源强度;m_i 指 i 产业产值在国内生产总值中所占比例(%),即产业结构;s 指单位土地产值(万元/ hm^2),即地均效益;k 指土地面积(hm^2)。

从基期年到报告期,土地碳排放差值称为总效应 ΔLC_{tot} 或 LD_{tot} 。总效应分解加法模式和乘法模式分别表示如下:

$$\Delta LC_{tot}=LC^t-LC^0=\Delta LC_f+\Delta LC_g+ \qquad (4-13)$$
$$\Delta LC_l+\Delta LC_m+\Delta LC_s+\Delta LC_k$$

$$LD_{tot}=\frac{LC^t}{LC^0}=LD_f LD_g LD_l LD_m LD_s LD_k \qquad (4-14)$$

因此,将影响土地碳排放的变化看作是碳排放因子效应(f_{ij})、结构效应[包括能源结构效应(g_{ij})、产业结构效应(m_i)]、规模效应[包括土地产出效应(s)、土地规模效应(k)]、技术效应[即能源强度效应(l_i)]等效应的综合影响。

2. LMDI 分解法

LMDI 分解法权重采用 Ang 等引入的对数平均函数确定[①],该函数定义如下:

$$L(x,y)=\begin{cases} \dfrac{x-y}{\ln x - \ln y}, x \neq y \\ x, x=y \\ 0, x=y=0 \end{cases} \qquad (4-15)$$

---

① Ang B W,Choi K. Decomposition of aggregate energy and gas emission intensities for industry:a refined Divisia Index Method. Energy Journal,1997,18(3).

根据对数平均函数的定义，权重由式(4-16)确定：

$$W_{ij}^* = L(LC_{ij,t}, LC_{ij,0}) \tag{4-16}$$

本书采用加法模式进行分解，则各分解因素贡献值表达式分别为

排放因子效应：$\displaystyle \Delta LC_f = \sum_i \sum_j \left(\frac{LC_{ij}^t - LC_{ij}^0}{\ln LC_{ij}^t - \ln LC_{ij}^0} \cdot \ln \frac{f_{ij}^t}{f_{ij}^0} \right)$

$$\tag{4-17}$$

能源结构效应：$\displaystyle \Delta LC_g = \sum_i \sum_j \left(\frac{LC_{ij}^t - LC_{ij}^0}{\ln LC_{ij}^t - \ln LC_{ij}^0} \cdot \ln \frac{g_{ij}^t}{g_{ij}^0} \right)$

$$\tag{4-18}$$

能源强度效应：$\displaystyle \Delta LC_l = \sum_i \sum_j \left(\frac{LC_{ij}^t - LC_{ij}^0}{\ln LC_{ij}^t - \ln LC_{ij}^0} \cdot \ln \frac{l_i^t}{l_i^0} \right)$

$$\tag{4-19}$$

产业结构效应：$\displaystyle \Delta LC_m = \sum_i \sum_j \left(\frac{LC_{ij}^t - LC_{ij}^0}{\ln LC_{ij}^t - \ln LC_{ij}^0} \cdot \ln \frac{m_i^t}{m_i^0} \right)$

$$\tag{4-20}$$

土地产出效应：$\displaystyle \Delta LC_s = \sum_i \sum_j \left(\frac{LC_{ij}^t - LC_{ij}^0}{\ln LC_{ij}^t - \ln LC_{ij}^0} \cdot \ln \frac{s^t}{s^0} \right)$

$$\tag{4-21}$$

土地规模效应：$\displaystyle \Delta LC_k = \sum_i \sum_j \left(\frac{LC_{ij}^t - LC_{ij}^0}{\ln LC_{ij}^t - \ln LC_{ij}^0} \cdot \ln \frac{k^t}{k^0} \right)$

$$\tag{4-22}$$

本书假设各种能源燃烧碳排放因子是固定不变的，因此排放因子效应 ΔLC_f 始终为 0，故不再考虑。事实上，能源燃烧程度不同，碳排放因子也是不同的，这涉及具体的燃烧技术问题。由于本书主要研究宏观层面的影响因素，故忽略这一问题是可以接受的。

继续采用 LMDI 分解法，分析经济增长的规模效应（包括土地产出效应、土地规模效应）、结构效应（指能源结构效应）与

技术效应(指能源强度效应)对不同土地利用类型碳排放的影响。首先依据表 4-1 将不同产业对应到相应土地利用类型;然后采用 LMDI 分解法核算各效应对不同土地类型碳排放的累积贡献。所采用的扩展了的 Kaya 恒等式如式(4-23):

$$LC = \sum_j LC_j = \sum_j \frac{LC_j}{E_j} \times \frac{E_j}{E} \times \frac{E}{GDP} \times \frac{GDP}{L} \times L \quad (4\text{-}23)$$

式(4-23)中,j 指能源类型(煤炭、石油、天然气);L 分别代指不同土地利用类型(农用地及水利设施用地、居民点及工矿用地、交通用地)的面积(hm^2);其他符号的含义同上。

二、研究结果与分析

(一)土地碳排放与经济增长关系

利用 Eview 6.0 采用不同检验方法对解释变量进行序列平稳性检验,检验结果见表 4-6。

从检验结果可以看出 LLC 检验方法对某些情形下的变量拒绝原假设,但是 Harris 等已经证实在时间跨度较小时,LLC 检验法的检验能力较差,因此不考虑该检验方法的检验结果[①];虽然 Fisher-PP 检验对地均碳排放、人均 GDP 原序列在 1% 显著性水平拒绝原假设,但是并不能影响其他大多数的检验结果。因此可以说检验结果表明所有解释变量无论是在仅含有截距项,还是在同时含有截距项和时间趋势项的情况下均不能拒绝原假设,故两个序列都含有单位根。在经过一阶差分后,因变量和自变量在两种检验类型下绝大部分都能够在 1% 显著性水平下通过检验,说明两个变量都是一阶单整序列,都存在单位根。

通过单位根检验发现 $\ln ALC$ 和 $\ln GDP$ 均为一阶单整,因此不能直接进行回归分析,还需要分析两个变量间是否存在协

---

① Harris R D, Tzavalias F E. Inference for unit roots in dynamic panels where the time dimension is fixed. Journal of Econometrics, 1999, 91.

表 4-6 序列平稳性检验结果

变量	LLC 检验	IPS 检验	Fisher-ADF 检验	Fisher-PP 检验	检验类型	结论
ln ALC	−6.13*** (0.00)	1.15 (0.87)	42.86 (0.86)	60.77 (0.25)	(c,0)	非平稳
	−8.12*** (0.00)	0.52 (0.70)	50.79 (0.52)	84.84*** (0.00)	(c,t,0)	非平稳
ln GDP	−1.66 (0.05)	2.57 (1.00)	23.83 (1.00)	28.68 (1.00)	(c,0)	非平稳
	−12.37*** (0.00)	−0.16 (0.44)	59.83 (0.27)	111.96*** (0.00)	(c,t,0)	非平稳
Δ(ln ALC)	−15.64*** (0.00)	−4.43*** (0.00)	114.63*** (0.00)	143.63*** (0.00)	(c,0)	平稳
	−24.44*** (0.00)	−2.21*** (0.01)	108.11*** (0.00)	206.10*** (0.00)	(c,t,0)	平稳
Δ(ln GDP)	−15.47*** (0.00)	−4.29*** (0.00)	97.97*** (0.00)	127.22*** (0.00)	(c,0)	平稳
	−23.86*** (0.00)	−1.29* (0.10)	86.80*** (0.00)	152.14*** (0.00)	(c,t,0)	平稳

注:(1) Δ 指一阶差分运算;(2) 括号内数值是 P 值;(3) 检验类型中 c 指包含截距项,t 指包含时间趋势;(4) 最优滞后期是依据 Schwarz 评价标准(SIC)确定的;(5) *,**,*** 分别表示在 10%、5% 和 1% 水平上通过了显著性检验。

整关系。根据 Pedroni 提出的异质面板数据协整检验方法对 ln *ALC* 和 ln *GDP* 之间的协整关系进行检验(包括仅含截距项和同时含有截距项、趋势项两种情形),结果见表 4-7 所示。Monte Carlo 模拟实验结果显示,在小样本条件下,Panel ADF 和 Group ADF 统计量较其他统计量有更好的性质,Panel PP 和 Group PP 统计量次之,其他最差①。参照 Monte Carlo 实验结果,这里仅参考 Panel ADF,Group ADF,Panel PP 和 Group PP 统计量的检验结果,可以看出四个统计量都在 1‰ 显著性水平下拒绝"不存在协整关系"的原假设。因此可以得知 ln *ALC* 和 ln *GDP* 之间存在长期协整关系,那么两个变量间至少存在一个方向上的 Granger 原因。

表 4-7　协整检验结果表(滞后阶数由 SIC 准则确定)

统计量	$(c,0)$	$(c,t,0)$
Panel v	−860.51	−6 742.78
Panel rho	0.46	1.24
Panel PP	−3.61***	−4.44***
Panel ADF	−3.42***	−3.63***
Group rho	1.88	2.19
Group pp	−4.59***	−6.08***
Group ADF	−3.22***	−4.28***

注:(1) Panel v 是右尾检验,其余统计量为左尾检验;(2) *,**,*** 分别表示在 10‰,5‰ 和 1‰ 水平上通过了显著性检验。

通过 Granger 因果关系检验法,检验土地碳排放与经济增长之间的关系,检验结果见表 4-8 所示。由表 4-8 可以看出,接受 ECM 系数 λ_{GDP_i} 为零的原假设,说明长期内不存在"经济增长

① 李飞,董锁成,李泽红:《中国经济增长与环境污染关系的再检验——基于全国省级数据的面板协整分析》,《自然资源学报》,2009 年第 11 期。

是土地非农化碳排放增加的 Granger 原因";在 10% 置信区间内拒绝 ECM 系数 λ_{ALC_i} 为零的原假设,说明长期内存在"土地非农化碳排放是经济增长的 Granger 原因"。短期内,接受系数 λ_{1i} 为零的原假设,即接受"GDP 不是 ALC 的 Granger 原因",这表明短期内经济增长不是土地非农化碳排放增加的原因;然而在 5% 置信区间拒绝了系数 β_{2i} 为零的原假设,即拒绝了"ALC 不是 GDP 的 Granger 原因",这表明短期内土地非农化碳排放是经济增长的 Granger 原因。

表 4-8 因果关系检验结果表

项目	GDP 不是 ALC 的 Granger 原因			ALC 不是 GDP 的 Granger 原因		
	系数	t 值	P 值	系数	t 值	P 值
常数项	0.10**	2.27	0.02	0.06**	2.64	0.02
dln GDP(−1)	−0.04	−0.17	0.87	−0.38***	−3.67	0.00
dln ALC(−1)	−0.01	−0.02	0.98	0.21**	2.31	0.02
ECM	−0.44	−0.99	0.33	−0.27*	−2.13	0.06
Adjust R^2		0.27			0.14	
F 值		16.76			5.62	

注:(1) 滞后阶数由 SIC 判断准则确定;(2) *,**,*** 分别表示在 10%,5% 和 1% 的水平上通过了显著性检验。

综上所述,无论是在长期内还是在短期内,经济增长与土地非农化碳排放之间均只存在从土地非农化碳排放到经济增长的单向因果关系,而不存在经济增长导致土地非农化碳排放增加的假设。由此可以看出,土地非农化及其引起的对能源消耗的增加促进了经济的增长,即说明了我国的经济增长是以农用地的减少和能源消耗引起的碳排放量的增加为代价的,走的是"高消耗、高排放、高污染"的传统经济发展道路。本书研究结论与武红等[1]、许广月[2]的研究结论一致，即"能源消费碳排放与经济增长在长期内存在单向因果关系"，也就是说能源消耗碳排放是经济增长的 Granger 原因，反之则不成立。因此以上结论暗含的一个重要启示就是我国现阶段抓住机遇，在提高能源利用效率的基础上大力发展经济是可行的，一定程度上并不会造成碳排放量的大幅增加。

（二）经济增长分解效应的影响分析

依据 LMDI 分解法分析经济增长的不同效应类型，即能源结构效应、能源强度效应、产业结构效应、土地产出效应及土地规模效应对土地碳排放的影响。2002—2008 年各效应累积变化情况如表 4-9 所示。

表 4-9　2002—2008 年各影响因素累积效应变化表　　　　万 t

效应类型	2002—2003 年	2002—2004 年	2002—2005 年	2002—2006 年	2002—2007 年	2002—2008 年
ΔLC_{tot}	6 087.73	17 910.17	26 085.17	31 572.44	37 370.56	52 467.50
ΔLC_g	−3.89 (−0.06)	201.06 (1.12)	451.28 (1.73)	216.15 (0.68)	48.00 (0.13)	549.79 (1.05)
ΔLC_l	117.71 (1.93)	1 048.73 (5.86)	−10 384.01 (−39.81)	−16 978.87 (−53.78)	−26 912.03 (−72.01)	−32 275.48 (−61.52)
ΔLC_m	318.49 (5.23)	918.91 (5.13)	−1 703.94 (−6.53)	−1 317.81 (−4.17)	−2 582.86 (−6.91)	−2 857.50 (−5.45)
ΔLC_s	5 463.21 (89.74)	15 507.05 (86.58)	37 443.51 (143.54)	49 304.60 (156.16)	66 444.94 (177.80)	86 651.00 (165.15)
ΔLC_k	192.21 (3.16)	234.41 (1.31)	278.34 (1.07)	348.36 (1.10)	375.52 (1.00)	399.68 (0.76)

注：(1) 括号内数值为贡献比率(%)。(2) g 指能源结构效应；l 指能源强度效应；m 指产业结构效应；s 指土地产出效应；k 指土地规模效应。

①　武红，谷树忠，关兴良，等：《中国化石能源消耗碳排放与经济增长关系研究》，《自然资源学报》，2013 年第 3 期。
②　许广月：《中国能源消费、碳排放与经济增长关系的研究》，华中科技大学博士学位论文，2010 年。

　　表 4-9 给出了我国 2002—2008 年土地利用碳排放的总体变化趋势及各效应的贡献,但是以 2002 年为基期的累积效应平滑了各效应对碳排放的短期影响,无法清楚看出年度数据变化反映的细节问题,因此本书也给出了土地利用碳排放年度效应变化图,用来考察碳排放的阶段性特征。经济增长各效应类型的年度效应和累积效应变化趋势如图 4-2 所示。

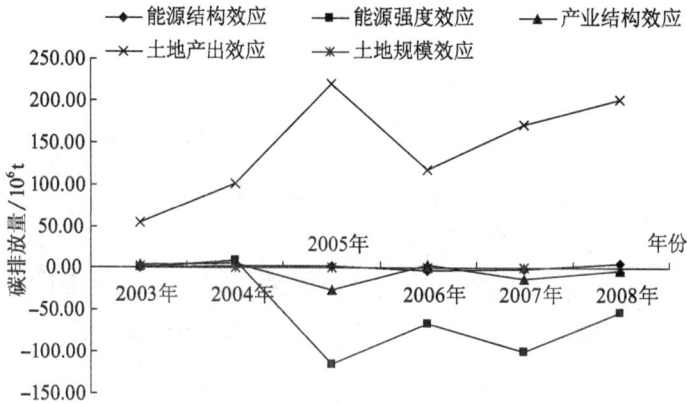

(a) 碳排放年度效应

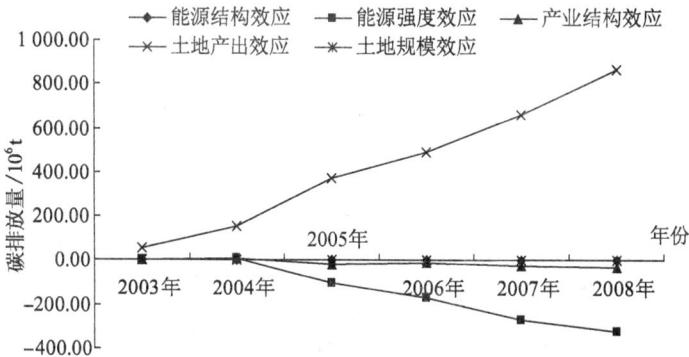

(b) 碳排放累积效应

图 4-2　土地利用碳排放影响因素变化图

由表 4-9、图 4-2 可以看出,规模效应中的土地产出效应年度变化幅度较大,然后是能源强度效应、产业结构效应,而能源结构效应和土地规模效应年度变化不大。总体上,能源结构、土地产出和土地规模累积效应对碳排放表现为正效应;能源强度和产业结构累积效应则呈负效应;各效应累积贡献率绝对值由大到小依次是:土地产出效应、能源强度效应、产业结构效应、能源结构效应、土地规模效应。能源结构对碳排放变化的累积贡献值为 549.79×10^6 t,累积贡献率为 1.05%;能源强度效应累积贡献为 $-32\ 275.48 \times 10^6$ t,累积贡献率为 -61.52%;产业结构效应累积贡献为 $-2\ 857.50 \times 10^6$ t,累积贡献率为 -5.45%;土地产出累积贡献值为 $86\ 651.00 \times 10^6$ t,累积贡献率为 165.15%;土地规模累积效应为 399.68×10^6 t,累积贡献率为 0.76%。可以看出规模效应中的土地规模效应对土地碳排放的影响较小,而土地产出效应则是影响土地碳排放的主要效应类型。

结合表 4-9 与图 4-3 分析各效应对我国土地利用碳排放变化的影响。

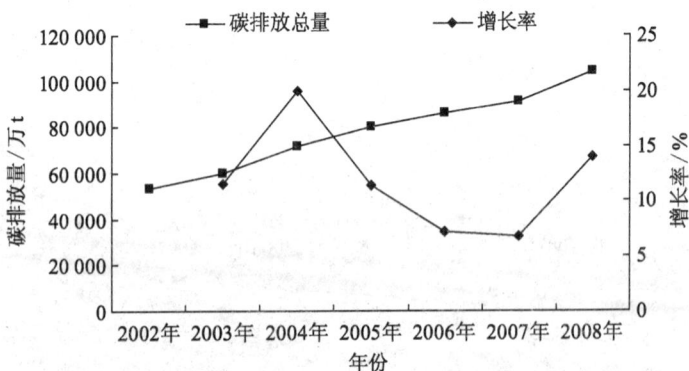

图 4-3　碳排放总量及增长率变化图

　　规模效应之一——土地产出效应是我国该阶段碳排放增加的首要贡献因素。2002—2008 年我国终端化石能源消耗总量增加了 95.36％,能源消耗碳排放总量也增加了 94.43％。促进我国国内生产总值(1978 年不变价)增长了 35.85％。但是能源消耗增长速度和碳排放增长速度远远大于经济增长速度,说明能源消耗与经济增长还处于挂钩状态。另一规模效应——土地规模效应对碳排放呈正效应,但是其贡献率是最小的。2002—2008 年我国农用地及建设用地净增 413.96 万 hm^2,其中农用地(包括水利设施用地)及居民点工矿用地净增所占比例较大,分别为 45.89％和 43.98％,其次为交通用地 10.13％[①]。各地类规模的扩大对碳排放的影响相对于土地产出、能源强度效应是微弱的,因此可以说并不是土地规模效应本身促进了能源消耗碳排放的增加,而是土地承载产业的产出效应促进了碳排放。但是我国目前又不能以牺牲经济发展为代价减少碳排放,因此在规模扩大、产出增加的同时,必须依靠提高能源利用效率,降低能源消耗强度等手段来减少碳排放。

　　结构效应之一——产业结构效应对碳排放累积贡献率相对较小。我国一、二、三产业结构由 2002 年的 16.22∶49.95∶33.83调整为 2008 年的 11.16∶47.32∶41.52(1978 年不变价),调整幅度不大,其中第一产业和第二产业比重下降,而第三产业比重上升,说明我国产业结构在不断优化。产业结构累积效应对碳排放作用从 2005 年转为抑制,主要是因为我国第二产业比重自 2005 年下降,之后呈促进/抑制波动状态,年度变化幅度也不同;而第三产业所占比重由 31.93％(2004 年)迅速提高到 40.16％(2005 年),之后呈增加状态,结构得到一定的优化,因此其累积效应对碳排放呈负效应。另一结构效应——能源结

---

　　① 数据来源于历年土地利用变更调查报告。

构效应对碳排放虽然呈正效应,但是其贡献率较小,对碳排放影响不大。由于目前还没有成熟的 CO_2 减排技术,各种能源的碳排放系数也基本不变,故能源消费结构的变化对能源结构碳强度的变化起决定性作用。我国以煤为主的能源消费结构一直未改变,近几年呈上升趋势,且煤炭较石油、天然气有较高的碳排放系数。林伯强等[1]研究表明 2002 年以后,煤炭消费比例的上升带动能源结构碳强度的反弹上升,因此减少碳排放的关键就是减小煤炭消费比例。

表征技术效应的能源强度效应对抑制碳排放的累积贡献绝对值在不断增加,累计贡献率增长也较快。主要原因是随着我国经济现代化的飞速发展,经济结构在不断优化,从而使单位 GDP 能源消耗不断减小。该效应对碳排放的影响由 2005 年之前的促进作用转化为抑制作用。2005 年该效应以对碳排放 -39.81% 的累积贡献率抑制碳排放的增长速度减慢至 11.39%。2006 年国家实施节能减排政策,能源强度下降导致碳排放增长速度继续下降至 2007 年的 6.79%。林伯强等[1]研究表明工业能源强度对碳排放影响最大,因此通过该效应降低碳排放的关键是提高工业能源利用效率。

经济增长的不同效应类型对不同土地利用类型碳排放的累积贡献核算结果如表 4-10、图 4-4 所示。

由表 4-10 可以看出,只有农用地及水利设施用地累积效应是负值,居民点及工矿用地、交通用地累积效应都是波动增加的。这说明我国农用地及水利设施用地碳排放是减少的,另外两类土地碳排放则是增加的。

---

① 林伯强,蒋竺均:《中国二氧化碳的环境库兹涅茨曲线预测及影响因素分析》,《管理世界》,2009 年第 4 期。

万t

表4-10　不同地类碳排放累积效应变化表

土地利用类型	效应	2002—2003年	2002—2004年	2002—2005年	2002—2006年	2002—2007年	2002—2008年
农用地及水利设施用地	C_{tot}	38.67	585.67	655.16	783.76	727.68	-465.52
	C_g	4.09 (10.58)	14.93 (2.55)	9.90 (1.51)	-0.75 (-0.10)	8.34 (1.15)	21.05 (-4.52)
	C_l	-93.48 (-241.74)	-10.54 (-1.80)	-196.76 (-30.03)	-281.06 (-35.86)	-933.13 (-128.23)	-2 503.83 (537.85)
	C_s	120.73 (312.20)	574.03 (98.01)	834.59 (127.39)	1 057.40 (134.91)	1 645.03 (226.07)	2 010.30 (-431.84)
	C_k	7.33 (18.96)	7.25 (1.24)	7.43 (1.13)	8.17 (1.04)	7.44 (1.02)	6.96 (-1.49)
居民点及工矿用地	C_{tot}	5 191.53	15 202.99	22 353.35	26 672.64	31 366.24	46 535.51
	C_g	35.52 (0.68)	267.84 (1.76)	612.28 (2.74)	416.24 (1.56)	261.86 (0.83)	934.85 (2.01)
	C_l	-308.18 (-5.94)	972.91 (6.40)	-13 184.85 (-58.98)	-19 741.62 (-74.01)	-29 684.75 (-94.64)	-33 492.09 (-71.97)
	C_s	4 969.98 (95.73)	12 648.92 (83.20)	32 895.80 (147.16)	43 051.42 (161.41)	57 012.33 (181.76)	74 472.69 (160.03)
	C_k	494.20 (9.52)	1 313.33 (8.64)	2 030.11 (9.08)	2 946.61 (11.05)	3 776.80 (12.04)	4 620.06 (9.93)

续表

土地利用类型	效应	2002—2003 年	2002—2004 年	2002—2005 年	2002—2006 年	2002—2007 年	2002—2008 年
	C_{tot}	835.32	2 042.01	2 966.86	3 979.66	5 105.56	6 250.65
	C_g	−15.16 (−1.81)	−65.01 (−3.18)	−77.67 (−2.62)	−100.07 (−2.51)	−115.94 (−2.27)	−213.16 (−3.41)
交通用地	C_l	588.55 (70.46)	837.08 (40.99)	−742.06 (−25.01)	−770.30 (−19.36)	−1 316.22 (−25.78)	−1 921.23 (−30.74)
	C_s	64.08 (7.67)	785.84 (38.48)	3 030.77 (102.15)	3 758.74 (94.45)	5236.74 (102.57)	6 846.16 (109.53)
	C_k	197.84 (23.68)	484.10 (23.71)	755.82 (25.48)	1 091.29 (27.42)	1 300.98 (25.48)	1 538.89 (24.62)

注:(1) 括号内数值为贡献百分率(%);(2) C_{tot}、C_g、C_l、C_s、C_k 分别代表总效应、能源结构效应、能源强度效应、土地产出效应与土地规模效应。

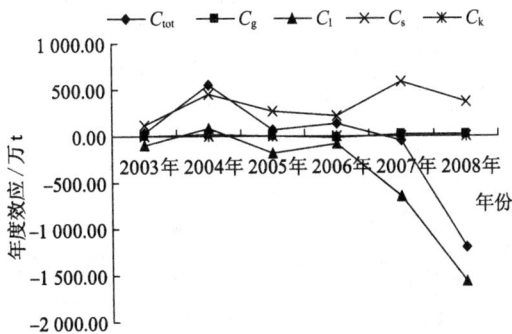

(a) 农用地及水利设施用地年度效应

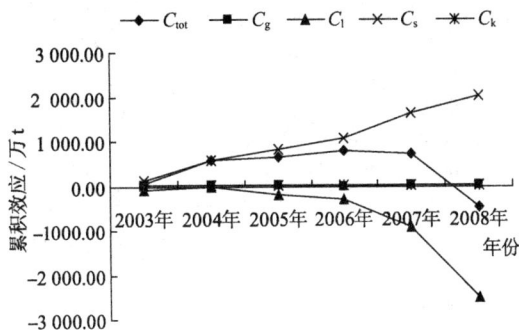

(b) 农用地及水利设施用地累积效应

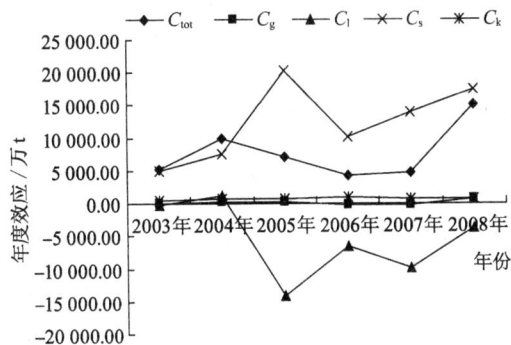

(c) 居民点及工矿用地年度效应

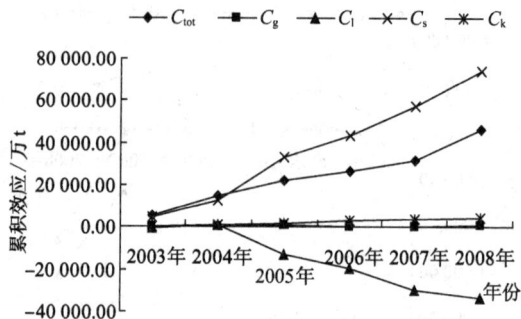

(d) 居民点及工矿用地累积效应

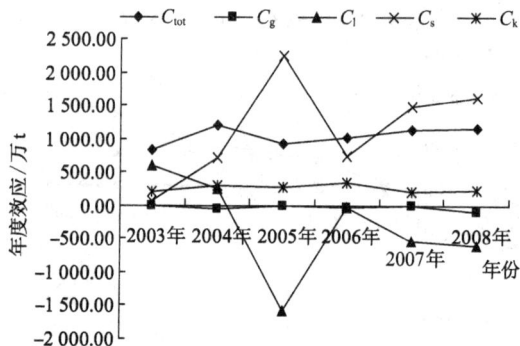

(e) 交通用地年度效应

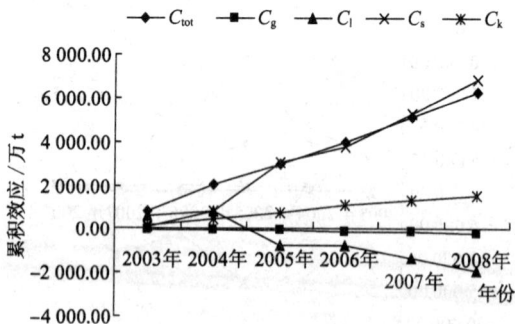

(f) 交通用地累积效应

图 4-4　不同地类碳排放影响因素变化图

不同用地类型碳排放的主要影响效应类型也是不同的,其中能源强度累积效应逐渐超越土地产出效应成为农用地及水利设施用地碳排放的主要贡献效应类型;土地产出效应一直是居民点及工矿用地碳排放的主要贡献效应类型;交通用地的土地产出效应逐渐超越能源强度效应而成为主要贡献效应类型。总体来看,能源强度效应与土地产出效应是各地类碳排放的主要贡献效应类型。因此,制定针对土地碳减排的相关政策,不仅需要狠抓以上两种影响因素,还应依据不同地类的主要影响效应类型,实行差别化管理。

能源结构效应对不同地类碳排放的作用方向不同,其中对交通用地是呈负效应的,因为交通用地能源消耗类型主要是石油,而我国的能源消费结构是以煤炭为主,并且其所占比例呈不断上升趋势。该效应对农用地及水利设施用地、居民点及工矿用地的累积效应贡献较小且呈波动变化。可见,我国目前的能源消费结构对抑制碳排放的作用是微弱的。

能源强度的累积效应对各地类碳排放都呈负效应,说明我国能源消耗技术在不断提高,对抑制碳排放发挥了一定的作用。

土地产出效应对不同地类碳排放呈正效应,促进了不同地类的碳排放,特别 2008 年对居民点及工矿用地碳排放的累计贡献率达到 160.03%。

土地非农化并未使土地规模效应对农用地及水利设施用地碳排放呈负效应,而是和居民点及工矿用地、交通用地一样呈正效应,主要原因是农用地面积呈波动变化,并且面积减少较小,还未对其总规模作用效应产生较大影响。土地规模效应对碳排放的贡献率小于能源强度和土地产出效应,其中对农用地及水利设施用地碳排放累积贡献较小,仅为−1.49%;对居民点及工矿用地碳排放累积贡献率为 9.93%;对交通用地碳排放累积贡献率达到 24.62%,大于能源结构效应对其贡献。因此可以看出,经济增长对抑制农用地本身碳排放的作用微弱,但是对居民点工矿用地和交通用地碳排放的增加发挥了一定的作用,特别是对交通用地碳排放增加起到的作用较大。国际经验表明,当某一国经济发展水平由工业化初期转向工业化中期阶段时,基础设施建设将加强。我国中西部地区目前处于工业化初期阶段,因此基础设施用地需求大于东部地区,中西部地区交通用地占地比例分别高于东部地区 4.57% 和 2.59%①。结合土地碳排放特征和不同区域所处发展阶段,可以看出,要减缓中西部地区土地非农化过程引起的碳排放,更需要从控制交通用地碳排放入手。

从图 4-4 可以看出,能源强度效应对农用地及水利设施用地碳排放的年度影响变化幅度较大;并且不断抵消土地产出效应促进碳排放增加的正作用,至 2008 年使碳排放呈减少趋势。规模效应(土地产出效应)和技术效应(能源强度效应)综合作用于居民点及工矿用地碳排放,是两种主要作用效应类型,且两效应年度变化幅度较大,而土地规模效应作用不大。能源强度和土地产出年度效应对交通用地碳排放的作用方向相反,作用变化幅度较大;土地规模效应年度变化幅度不大,但其累积效应不可忽略。从以上分析可以看出,经济增长的不同效应类型对不同地类碳排放的作用方向和作用程度存在一定的差别,因此我国在经济发展及土地非农化的过程中,应考虑不同地类碳排放的主要影响效应类型,从而制定差别化的碳减排政策。

---

① 曲福田,陈江龙,陈会广,等:《经济发展与中国土地非农化》,商务印书馆,2007 年。

第四节 本章小结

一、研究结论

本书从能源消费的角度分析我国土地非农化对碳排放的影响，首先将能源消费行业与土地利用类型相对应，然后采用IPCC推荐的方法间接核算不同土地利用类型产生的碳排放量，分析2002—2008年不同地类碳排放强度及碳足迹的时空变化特征；接着在采用协整理论检验土地非农化碳排放与经济增长之间关系的基础上，进一步分析经济增长的不同效应类型对土地碳排放的影响。主要研究结论如下：

（一）土地非农化碳排放时空特征

我国土地利用碳排放总量持续上升，2002—2008年排放总量增加了0.5 Gt。土地非农化直接导致土地利用碳强度呈增加趋势，其中交通用地碳强度最高，平均值达到37.51 t/hm²。从能源消费角度考虑，土地非农化并未造成生态赤字，但是生态盈余数量在不断减小；各地类碳足迹总体呈增加趋势。从以上结论可以看出我国所面临的生态环境压力不断增大。

中东部地区是我国土地非农化的集中区域，同时该地区集中了居民点及工矿用地、交通用地碳排放量及碳强度较大的省份，特别是上海市不同地类的碳强度远远大于全国平均值。不同省份碳足迹差异较大，碳足迹最大的河北省是碳足迹最小的海南省的23.75倍；生态赤字状况也不同，东部的山东、河北、江苏等省生态赤字较大，而中西部的内蒙古、新疆、青海等省（市、自治区）则出现了生态盈余。

（二）土地非农化碳排放与经济增长的关系

首先通过对2002—2008年全国28个省（市、自治区）的样本数据序列进行平稳性检验，发现人均GDP与地均碳排放两个变量均为一阶单整序列;然后运用协整理论验证两变量间确实存在长期协整关系;最后采用 Granger 因果关系分析方法检验两变量间是否存在双向(或单向)的 Granger 因果关系。结果发现我国土地碳排放与经济增长之间长期和短期内仅存在单向因果关系。

总体上,经济增长的能源结构、土地产出和土地规模累积效应对土地碳排放表现为正效应;能源强度和产业结构累积效应则呈负效应;各效应累积贡献率绝对值由大到小依次是:土地产出效应、能源强度效应、产业结构效应、能源结构效应、土地规模效应。因此,实现碳减排的关键是在提高土地产出效益的同时,提高能源利用效率,特别是提高工业能源利用效率;优化能源消费结构,减小煤炭消费比例也是重要途径。也就是说,在规模效应一定增加的前提下,更需要从结构效应和技术效应入手来减缓土地碳排放。

技术效应,即能源强度效应是农用地及水利设施用地的主要贡献效应类型,规模效应中的土地产出效应则是居民点及工矿用地、交通用地的主要贡献类型。土地规模效应对农用地碳排放作用较小,但是对居民点及工矿用地、交通用地碳排放增加发挥了一定的作用。

二、讨论

基于能源消费的角度分析土地非农化对碳排放的影响,需要准确估算某一段时期内农用地向建设用地的转换量,并且土地非农化的流向能够对应到不同的能源消费行业,建立土地非农化数量与能源消费数量之间的对应关系。但是受数据限制,无法获取土地非农化流向不同建设用地所增加的碳排放量,因此本书以农用地及水利设施用地、居民点及工矿用地和交通用地能源消耗总量的变化表征土地非农化过程,并进一步分析土地非农化碳排放与经济增长之间的关系。不同地类所承载产业不同,而不同产业对能源消费的需求存在较大差异,因此本书认为以总量表征土地非农化对碳排放影响是可以接受的,但结果可能存在偏差。在获取时间段较长的土地变化及能源消耗详细数据的基础上,对土地非农化导致的碳排放变化规律进行研究,为制定针对土地利用的碳减排政策提供依据是今后努力的方向。

本书汇总了已有的关于我国能源消费碳排放的研究,将各位学者的计算结果与本书的核算结果进行对比(见表4-11),发现本书结果低于已有研究结果,主要原因可能包括:一是本书只是考虑了我国终端化石能源消费,而未考虑电力、热能与其他能源等二次能源,因此能源消耗总量可能偏小;二是含碳系数、能量转化系数及氧化率系数等确定可能存在些许不同,从而影响计算结果;三是采用的方法不同,对计算结果也会有一定的影响。

表4-11　能源消费碳排放计算结果对比分析

年份	碳排放量/Gt	作者
2004 年	1.28	徐国泉等[1]
2007 年	1.636	祁悦等[2]
2007 年	0.55	王俊松等[3]
2007 年	1.46	赵荣钦等[4]

---

[1]　徐国泉,刘则渊,姜照华:《中国碳排放的因素分解模型及实证分析:1995—2004》,《中国人口·资源与环境》,2006 年第 6 期。

[2]　祁悦,谢高地,盖力强,等:《基于表观消费量法的中国碳足迹估算》,《资源科学》,2010 年第 11 期。

[3]　王俊松,贺灿飞:《能源消费、经济增长与中国 CO_2 排放量变化——基于 LMDI 方法的分解分析》,《长江流域资源与环境》,2010 年第 1 期。

[4]　赵荣钦,黄贤金,钟太洋:《中国不同产业空间的碳排放强度与碳足迹分析》,《地理学报》,2010 年第 9 期。

续表

年份	碳排放量/Gt	作者
2007 年	1.13（工业部门）	刘红光等[1]
2007 年	1.23	朱勤等[2]
2008 年	1.04	本研究

关于经济增长对土地碳排放的影响分析,本书只是采用LMDI 指数分解法从数量上评价了经济增长的不同效应对碳排放的贡献,即侧重于对评价结果的分析,但是对如何调整不同效应来帮助实现节能减排没有展开分析。未展开分析的主要原因是不同效应类型范围广泛,涉及内容较多。进一步深入细化研究不同效应类型对减少碳排放的作用机制对我国在"十二五"规划期间,以及今后更长一段时期内相关节能减排政策的制定和施行有重要的指导意义。

[1] 刘红光,刘卫东:《中国工业燃烧能源导致碳排放的因素分解》,《地理科学进展》,2009 年第 2 期。

[2] 朱勤,彭希哲,陆志明,等:《中国能源消费碳排放变化的因素分解及实证分析》,《资源科学》,2009 年第 12 期。

第五章 土地利用结构调整碳排放效应分析

第四章主要从能源消费角度分析了宏观层面土地利用变化对碳排放的影响,而中观层面土地利用结构调整,包括建设用地结构调整、农用地结构调整等土地利用变化可能对碳强度也有较显著的影响。因此,本章试图从两个方面来深入探讨土地利用结构调整与碳排放效应之间的关系:一是建设用地二、三产业结构调整对碳强度的影响及其贡献;二是农用地种植业结构调整对农田系统碳净吸收的影响。

第一节 建设用地产业结构调整对碳强度的影响

土地资源利用与产业发展之间具有内在的必然联系:土地资源利用直接影响和制约着产业的发展,同时产业的发展影响土地资源的利用方式、结构和空间布局,并且影响土地利用效益[1]。产业结构变化是土地利用变化的直接动因,产业结构变化决定土地利用结构变化[2][3]。本节的研究目的是分析建设用地在二、三产业间的配置变化对碳排放的影响,即土地利用结构

---

① 刘平辉,郝晋珉:《土地资源利用与产业发展演化的关系研究》,《江西师范大学学报(自然科学版)》,2006年第1期。

② 刘平辉:《基于产业的土地利用分类及其应用研究》,中国农业大学博士学位论文,2003年。

③ 徐萍:《城市产业机构与土地利用结构优化研究——以南京为例》,南京农业大学硕士学位论文,2004年。

调整对碳排放的影响。受限于研究区域二、三产业用地面积数据①较难获得,本书试着从能源消费角度,以土地利用结构调整的主要驱动因素——产业结构调整对碳强度的影响来间接分析建设用地结构调整对碳排放的影响,因此土地利用结构调整碳排放类型属于土地利用间接碳排放。

我国第二产业和第三产业是能源消耗的主要产业类型,因此承载二、三产业的建设用地是主要碳源,但是二、三产业的碳强度还存在一定的差距。图 5-1 是 1980—2008 年我国不同产业强度变化图。

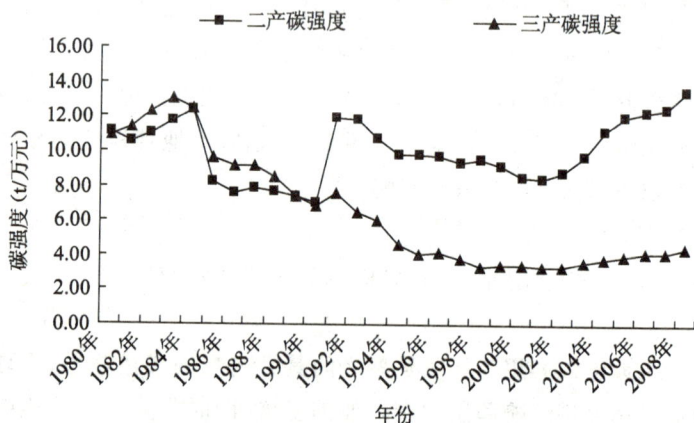

图 5-1 1980—2008 年我国不同产业碳强度变化

注:碳强度指不同产业碳排放量与产值之比,碳排放量数据见本书第四章,产业产值见《中国统计年鉴》(1978 年不变价)。

---

① 从现行土地分类(过渡期适用,一级类 3 个、二级类 10 个、三级类 52 个)中无法直接获取产业用地数据,特别是二、三产业用地数据。刘平辉建立了土地利用产业分类体系(见刘平辉:《基于产业的土地利用分类及其应用研究》,中国农业大学博士学位论文,2003 年),一些学者参照该分类体系对产业用地进行了相关研究(王万茂,张颖,王群:《基于经济增长的产业用地结构预测研究》,《中国土地科学》,2005年第 4 期)。但本书受获取研究区域详细土地利用数据的限制,无法将土地利用数据与产业相对应,从而确定不同产业用地面积。

由图 5-1 可以看出,1980—2008 年我国第二产业碳强度总体上呈波动增加趋势,由 1980 年的 11.08 t/万元波动增加到 2008 年的 13.54 t/万元,并且呈增加趋势;1981—1988 年第三产业碳强度暂时大于第二产业,从 1989 年开始小于第二产业,到 2008 年其碳强度仅为第二产业碳强度的 33.02%,虽仍呈增加趋势,但是增加幅度较小。由以上分析可以看出,第三产业对地区实现经济增长和节能减排的"双赢"发挥着举足轻重的作用。

结构调整,特别是产业结构调整成为地方各级政府在短期内实现节能减排的重要途径。当前,我国经济较发达的东部沿海地区产业向中西部地区转移步伐加快,中西部地区则成为产业承接区。在产业转移这个过程中,不同地区的产业结构将经历不断调整的过程。产业结构调整对不同地区减小碳强度,即实现节能减排的目标是否真正具有实质性的作用是需要进一步分析的,这对指导我国目前不同地区的产业发展战略有重要的现实意义。

目前,关于碳强度变化影响因素的分析还不多,学者们多是对减少碳排放的影响因素之一——能耗强度进行研究。众多学者[1][2][3]研究认为部门生产效率、能源价格及技术进步等是影响能耗强度变化的主要因素,而产业结构变化对能耗强度变化的影响不大;还有一些研究认为,产业结构调整会对能源效率产生负面影响[4]。以上研究中的产业结构多指的是宏观六部门产业

① 吴巧生,成金华:《中国能源消耗强度变化及因素分解:1980—2004》,《经济理论与经济管理》,2006 年第 10 期。

② 王玉潜:《能源消耗强度变动的因素分析方法及其应用》,《数量经济技术经济研究》,2003 年第 8 期。

③ Richard G N, Adam B J, Robert N S. The induced innovation hypothesis and energy-saving technological change. The Quarterly Journal of Economics,1999,3.

④ 韩智勇,魏一鸣,范英:《中国能源强度与经济结构变化特征研究》,《数理统计与管理》,2004 年第 1 期。

结构,即农(农林牧副渔业)、工(工业)、建(建筑业)、交(交通运输、邮政和通信业)、商(商业、批发与零售业)、其他(其他服务业),不够细化;并且已有研究[①]发现工业能源强度是影响能耗强度的关键因素。由于农业能源消耗碳强度较小,因此本书所指的产业结构[②]调整是建设用地所承载的第二产业与第三产业之间的结构调整。另外考虑到我国二、三产业结构调整不明显,虽然我国 1978—2008 年产业结构调整系数[③]由 0.50 增长到 0.82,总体呈增长趋势,但是二产所占比重并没有下降,而是略微增加,由 47.88% 增加到 48.62%,我国产业结构调整过程并不能很好地代表我国今后的产业结构调整优化方向。基于以上原因,选择有代表性的研究区域分析二、三产业之间的结构调整对碳强度的影响是有必要的。

一、研究区域概况及数据来源

(一)研究区域选择原则

研究区域的选择坚持以下三个原则:第一,代表性原则,即选择的研究区域在全国具有典型性、代表性,以保证研究结果能够在全国具有较强的应用性和指导性;第二,差异性原则,一方面考虑研究区域所处地理位置的差异,另一方面还要考虑研究区域碳强度变化与产业结构变化的差异性,前者侧重于研究区域的产业特征,后者侧重于不同研究区域研究内容特征的差异性;第三,可操作性原则,即研究区域数据资料的可获得性和研

---

① 林伯强,蒋竺均:《中国二氧化碳的环境库兹涅茨曲线预测及影响因素分析》,《管理世界》,2009 年第 4 期。

② 本书所说的产业结构是采用世界通用的产业结构分类,并参照《中国能源统计年鉴》所列出的能源消耗不同行业进行了局部调整。具体分为第一产业、第二产业和第三产业,其中,第一产业包括农林牧渔水利业;第二产业包括工业、建筑业等;第三产业包括交通运输、邮政和通信业、商业、批发与零售业及其他服务业等。

③ 此处产业结构调整系数用第三产业增加值与第二产业增加值的比值表示,反映了我国产业结构由第二产业向第三产业调整的变化过程。

究的可行性。在以上原则的指导下,本书选取了位于我国东部的北京市、中部的湖北省及西部的贵州省三个省级区域作为研究区域。

（二）研究区域概况

1. 北京市概况

北京市是中华人民共和国首都,简称"京",现为我国四大直辖市之一,是我国第二大城市及政治、交通和文化中心。北京市位于华北平原的北端,除东南部部分与天津市相邻外,其余被河北省所环绕,介于北纬 $39°26'\sim41°03'$、东经 $115°25'\sim117°30'$ 之间。2008 年年末,全市常住人口为 1 695 万人,人口密度为 1 033 人/平方公里。2008 年全市实现地区生产总值10 488 亿元,比上年增长 9%;按常住人口计算,人均 GDP 达到 63 029 元;三次产业结构为 1.1∶25.7∶73.2。

截至 2008 年年末,北京市土地总面积为 164.11 万 hm²,其中农用地面积为 109.60 万 hm²,建设用地面积为33.77 万 hm²,未利用地面积为 20.74 万 hm²,分别占土地总面积的66.79%、20.58%、12.64%。建设用地能源消耗占 98.50%,碳排放量也占到 98.32%[①],因此可以说二、三产业是能源消耗及碳排放的主要产业。建设用地碳强度为 0.52 t/万元,相对于全国平均水平（0.95 t/万元）,能源利用效率较高（详见表 5-1）。北京市二、三产业碳强度自 2004 年开始呈逐渐下降趋势,由0.73 t/万元下降到 0.52 t/万元;同时第二产业所占比重也呈逐渐减少趋势,至 2008 年所占比重降到 25.70%;三产所占比重增加到73.20%。北京市二、三产业碳强度与第二产业比重都呈减少趋势,因此选择北京市作为研究区域是有意义的。

---

① 由于不同地类能源消耗种类不同,不同能源类型的碳排放系数也是不同的,故该比重与能源消耗比重数值不同。

表 5-1　2008 年北京市基本情况表

土地利用类别		面积[(1)]/万 hm²	能源消耗[(2)]/万 tce	碳排放量[(3)]/万 t	产业增加值[(4)]/亿元	碳强度[(5)]/(t/万元)
农用地及水利设施用地		112.23	55.55	38.13	94.66	0.40[(6)]
建设用地	居民点及工矿用地	27.88	2 855.96	1 784.49		
	交通用地	3.26	779.68	446.14		
小计		31.14	3 635.65	2 230.63	4 251.99	0.52
未利用地		20.74				
合计		164.11	3 691.19	2 268.77	4 346.66	0.52[(7)]

注：（1）各地类面积来源于《全国土地利用变更调查报告》；（2）能源消耗数据来源于《中国能源统计年鉴》，其中农用地能源消耗包括农林牧渔水利业，居民点及工矿用地包括工业、建筑业、交通运输、仓储及邮电业、批发零售贸易业和餐饮业、生活消费和其他服务业；碳排放量与此相同；（3）碳排放量来源于第四章中的计算结果；（4）农用地产业增加值对应我国一产增加值，建设用地对应我国二、三产增加值之和，均为 2000 年不变价；（5）碳强度由碳排放量与产业增加值之比得到；（6）碳强度值可能偏大，因为碳排放量是农用地及水利设施用地碳排放量之和，而产业增加值只是一产增加值；（7）土地碳强度较实际值偏小，因为碳排放总量未包括未利用地碳排放量，地区生产总值是三产增加值之和；（8）空格表示数据缺乏。

2．湖北省概况

湖北省简称"鄂"，位于我国中部，在长江中游洞庭湖以北，介于东经 108°21′～116°07′、北纬 29°05′～33°20′之间；北接河南省，东连安徽省，东南和南邻江西、湖南两省，西靠重庆市，西北与陕西省相邻。省会武汉市是我国中部地区唯一的副省级城市。2008 年，全省完成地区生产总值 11 330.38 亿元，按可比价格计算，比上年增长 13.4%；三次产业结构为 15.7：43.8：40.5；2008 年年末全省常住人口为 5 711 万人，人均 GDP 达到 19 840 元，略低于全国平均水平（22 640 元）。

截至 2008 年年末，湖北省土地总面积为 1 858.88 万 hm²，其中农用地面积为 1 465.18 万 hm²，建设用地面积为 140.04 万 hm²，未

利用地面积为 253.67 万 hm²,分别占土地总面积的78.82%,
7.53%,13.65%。与北京市相同,湖北省建设用地能源消耗是主要
能耗用地类型,所占比重达到 96.15%,碳排放量也占到 96.54%[①],
因此也说明二、三产业是能源消耗及碳排放的主要产业。农用地及
水利设施用地碳强度为 0.15 t/万元,高于全国平均水平(0.08 t/
万元);建设用地碳强度为 1.45 t/万元,高于全国平均水平(0.95 t/
万元)(详见表 5-2)。湖北省的二、三产业碳强度自 2000 年开始呈
逐渐增加趋势,由 0.83 t/万元上升到1.45 t/万元;但是第二产业所
占比重呈逐渐减少趋势,至 2008 年所占比重降到 43.80%,三产所
占比重增加到40.50%。湖北省产业结构得到了一定程度的优化,
但是碳强度并未实现降低,造成此现象的原因是值得分析的,因此
选择湖北省作为研究区域是有意义的。

表 5-2　2008 年湖北省基本情况表

地类		面积/万 km²	能源消耗/万 tce	碳排放量/万 t	产业增加值/亿元	碳强度/(t/万元)
农用地及水利设施用地		1 495.19	309.12	190.89	1 245.58	0.15
建设用地	居民点及工矿用地	100.86	6 483.87	4 571.15		
	交通用地	9.17	1 244.48	747.90		
小计		110.02	7 728.35	5 319.05	3 680.73	1.45
未利用地		253.67				
合计		1 858.88	8 037.47	5 509.94	4 926.31	1.12

注:表中各指标意义同表 5-1。

3. 贵州省概况

贵州省简称"黔"或"贵",位于我国西南的东南部,是西南地

---

① 由于不同地类能源消耗种类不同,不同能源类型的碳排放系数也是不同
的,故该比重与能源消耗比重数值不同。

区三大省份之一,省会是贵阳市。贵州省东毗湖南,南邻广西,西连云南,北接四川和重庆,介于东经 $103°36'\sim109°35'$、北纬 $24°37'\sim29°13'$ 之间。2008 年年末,全省实现地区生产总值 3 333.40亿元,较上一年增长 10.2%;三次产业结构调整为 16.4∶42.3∶41.3;全省常住人口为 3 793 万人,人均 GDP 为 8 788元,比全国平均水平低 61.18%。

截至 2008 年年末,贵州省土地总面积为 1 761.53 万 hm^2,其中农用地面积为 1 524.59 万 hm^2,建设用地面积为 55.71 万 hm^2,未利用地面积为 181.23 万 hm^2,分别占土地总面积的86.55%,3.16%,10.29%。虽然建设用地所占比重较小,但是能源消耗却占到 96.99%,特别是居民点及工矿用地占到 86.66%;建设用地碳排放量所占份额达到 96.89%。农用地及水利设施用地碳强度为 0.21 t/万元,高于全国平均水平61.90%;建设用地碳强度为 2.47 t/万元,高于全国平均水平 62%(详见表 5-3)。贵州省二、三产业碳强度自 2000 年开始呈波动变化趋势,由 2000 年的 2.28 t/万元上升到 2004 年的 3.06 t/万元,又

表 5-3　2008 年贵州省基本情况表

地类		面积 /万 hm^2	能源 消耗 /万 tce	碳排 放量 /万 t	产业 增加值 /亿元	碳强度 /t・万元$^{-1}$
农用地及水利设施用地		1 528.54	114.59	84.87	397.83	0.21
建设用地	居民点及 工矿用地	45.68	3 298.82	2 417.14		
	交通用地	6.08	393.30	231.31		
小计		51.75	3 692.12	2 648.46	1 072.74	2.47
未利用地		181.23				
合计		1 761.52	3 806.71	2 733.33	1 470.57	1.86

注:表中各指标意义同表 5-1。

下降到 2008 年的 2.47 t/万元。第二产业所占比重也呈波动变化趋势,至 2008 年所占比重为 42.30%。第三产业所占比重逐渐增加到 41.30%。贵州省碳强度变化趋势一定程度上与二次产业结构调整相一致,两者之间是否具有一定的联系需要深入研究,因此选择贵州省作为研究区域也是具有一定意义的。

二、研究方法

为了分析不同区域产业结构调整对碳强度的影响程度,本书继续运用第四章所采用的 LMDI 指数分解法对碳强度进行分解(详见本书第四章)。具体分解过程如下:

$$CI = \frac{LC_c}{GDP_c} = \frac{\sum_i LC_{ci}}{\sum_i GDP_{ci}} = \sum_i \left(\frac{LC_{ci}}{GDP_{ci}} \times \frac{GDP_{ci}}{\sum_i GDP_{ci}} \right)$$

$$(5-1)$$

令 $e_{ci} = \dfrac{LC_{ci}}{GDP_{ci}}$,$p_{ci} = \dfrac{GDP_{ci}}{\sum_i GDP_{ci}}$,则式(5-1)变化为

$$CI = e_{ci} \times p_{ci} \qquad (5-2)$$

该方法权重的确定仍然采用对数平均函数法;从基期年到目标年碳强度差值称为总效应 ΔCI_{tot},并采用加法模式进行分解,分解式如下:

$$\Delta CI_{tot} = CI^t - CI^o = \Delta CI_e + \Delta CI_p \qquad (5-3)$$

以上各式中,CI 指建设用地碳强度(t/万元);LC_c 指建设用地碳排放量(万 t);GDP_c 指建设用地二、三产业增加值(亿元);i 指产业类型,$i = 2,3$。

不同分解因素贡献值表达式分别为

不同产业碳强度效应为

$$\Delta CI_e = \sum_i \left(\frac{CI_i^t - CI_i^o}{\ln CI_i^t - \ln CI_i^o} \cdot \ln \frac{e_i^t}{e_i^o} \right) \qquad (5-4)$$

产业结构效应为

$$\Delta CI_p = \sum_i \left(\frac{CI_i^t - CI_i^o}{\ln CI_i^t - \ln CI_i^o} \cdot \ln \frac{p_i^t}{p_i^o} \right) \qquad (5-5)$$

从式(5-2)可以看出建设用地碳强度可以分解为不同产业碳强度效应(e_{ci})和产业结构效应(p_{ci})两种效应。

三、研究结果与分析

采用式(5-1)～式(5-5)分别对北京市、湖北省和贵州省2002—2008年不同产业碳强度效应和产业结构效应进行量化,结果如表5-4所示。

由表5-4和图5-2可以看出,影响建设用地碳强度的两个效应:各产业碳强度效应和产业结构效应在不同研究区域作用方向各不相同。至2008年,北京市建设用地碳强度累积效应是减小的,而湖北省和贵州省则是增加的,其中,两效应在北京市均表现为负效应;在湖北省,产业碳强度效应表现为正效应,而产业结构效应表现为负效应;在贵州省,两效应均表现为正效应。不同地区建设用地碳强度的主要贡献效应类型是不同的,至2008年不同产业碳强度累积效应是北京市(64.18%)、湖北省(110.50%)的主要贡献效应类型;产业结构累积效应则是贵州省(79.19%)的主要贡献效应类型。造成各效应不同表现形式的原因很多,诸如研究区域不同的产业特征、能源消费特征及政策制度、功能定位等。

由图5-2可以看出,2002—2008年北京市产业碳强度和产业结构年度效应变化趋势大体一致,2005年产业结构效应对建设用地碳强度贡献较大。湖北省产业结构年度效应变化幅度小于产业碳强度,对建设用地碳强度作用方向正负交替;从累积效应来看,产业结构调整效应对建设用地碳强度贡献率较小,2008年仅为10.50%,建设用地碳强度呈增加趋势。贵州省产业强度效应年度变化幅度较大,总体呈减少趋势;产业结构年度效应变化幅度不大,总体也呈减小趋势,但累积效应对建设用地碳强度呈正效应,建设用地碳强度呈波动变化趋势。

表 5-4　2002—2008 年各影响因素累积效应变化表

t/万元

地区		2002—2003 年	2002—2004 年	2002—2005 年	2002—2006 年	2002—2007 年	2002—2008 年
北京	ΔCI_e	-0.01 (-57.65)	-0.03 (-85.22)	-0.32 (72.67)	-0.27 (61.65)	-0.27 (57.39)	-0.41 (64.18)
	ΔCI_p	0.03 (157.65)	0.07 (185.22)	-0.12 (27.33)	-0.17 (38.35)	-0.20 (42.61)	-0.23 (35.82)
	ΔCI_{tot}	0.02	0.04	-0.44	-0.44	-0.47	-0.64
湖北	ΔCI_e	0.30 (109.66)	0.36 (115.93)	0.94 (120.12)	1.08 (109.70)	1.30 (111.85)	1.35 (110.50)
	ΔCI_p	-0.03 (-9.66)	-0.05 (-15.93)	-0.16 (-20.12)	-0.10 (-9.70)	-0.14 (-11.85)	-0.13 (-10.50)
	ΔCI_{tot}	0.27	0.31	0.79	0.98	1.16	1.22
贵州	ΔCI_e	0.55 (84.65)	1.18 (87.42)	1.00 (80.19)	1.29 (77.72)	0.75 (67.49)	0.10 (20.81)
	ΔCI_p	0.10 (15.35)	0.17 (12.58)	0.25 (19.81)	0.37 (22.28)	0.36 (32.51)	0.37 (79.19)
	ΔCI_{tot}	0.65	1.35	1.25	1.66	1.12	0.47

注：括号内数值为贡献百分率（%）。

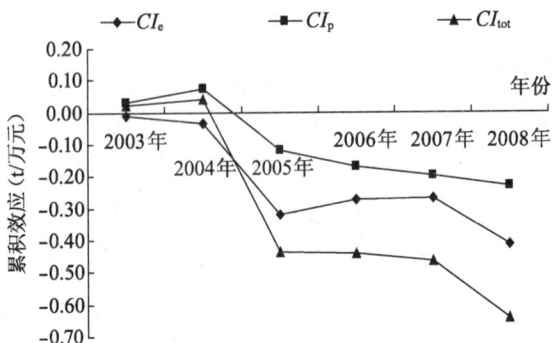

(a) 北京市累积效应

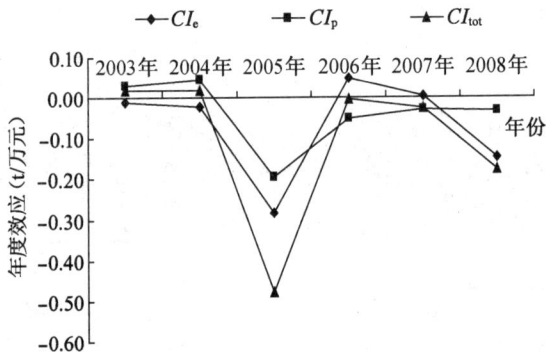

(b) 北京市年度效应

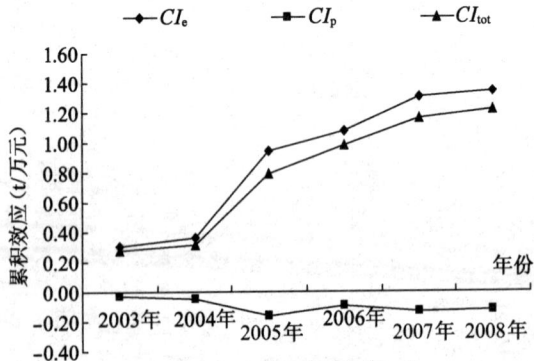

(c) 湖北省累积效应

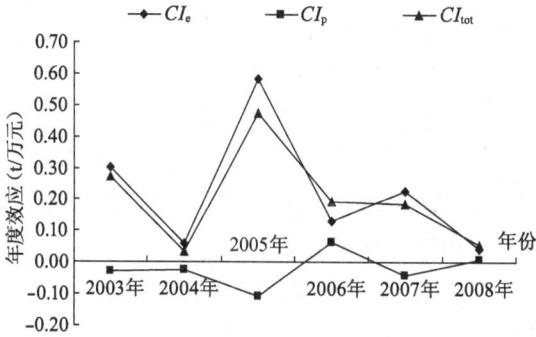

(d) 湖北省年度效应

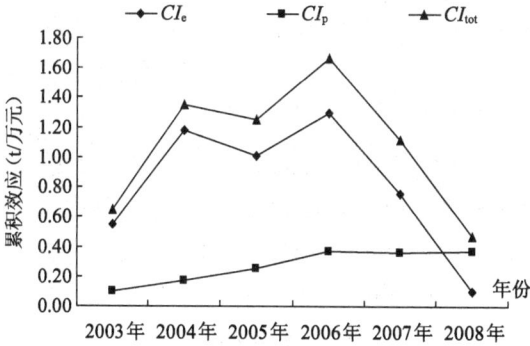

(e) 贵州省累积效应

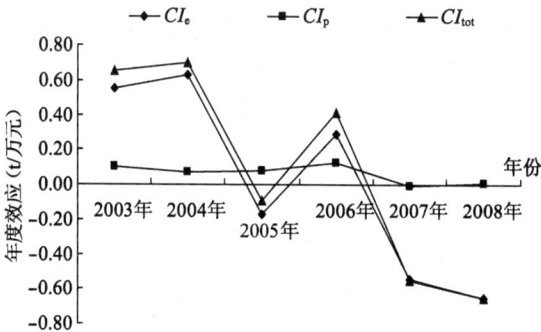

(f) 贵州省年度效应

图 5-2　各地区碳强度累积效应及年度效应

下面详细分析不同产业的土地资源配置及产业碳强度效应、产业结构效应对不同研究区域建设用地碳强度的影响。

由表 5-5 可以看出，北京市各效应对建设用地碳强度累积贡献率绝对值由大到小依次是：第二产业碳强度、第二产业结构、第三产业结构、第三产业碳强度，第二产业碳强度累积效应逐渐成为建设用地碳强度下降的主要贡献因素。由图 5-3 可以看出，自 2005 年起，建设用地碳强度总效应变化趋势与第二产业碳强度变化趋势相一致。北京市工业比重占第二产业的比重自 2002—2008 年在 80% 左右，因此可以说工业产业的变化直接或间接地引致了第二产业的变化。工业碳强度除在 2005 年略有上升外，一直处于下降趋势，也带动建设用地碳强度总效应随之下降。第二产业结构变化累积效应是小于第二产业碳强度累积效应的，只有在 2006 年、2007 年，主要由于第三产业碳强度上升而使得第二产业结构累积效应与其碳强度累积效应相接近。第三产业结构变化累积效应对减小建设用地碳强度的反作用大于第三产业碳强度，同时其贡献值相对于二产比重降低对减小建设用地碳强度的贡献是微弱的，说明产业结构优化对减小建设用地碳强度发挥了一定的作用。

表 5-5　2002—2008 年北京市各影响因素累积效应变化表

t/万元

效应类型	2002—2003 年	2002—2004 年	2002—2005 年	2002—2006 年	2002—2007 年	2002—2008 年
ΔCI_{e2}	-0.05 (-248.09)	-0.14 (-349.83)	-0.27 (60.65)	-0.26 (59.03)	-0.27 (57.23)	-0.42 (65.11)
ΔCI_{e3}	0.04 (190.44)	0.11 (264.62)	-0.05 (12.02)	-0.01 (2.62)	0.00 (0.16)	0.01 (-0.93)
ΔCI_{p2}	0.04 (177.86)	0.09 (225.30)	-0.16 (37.02)	-0.22 (50.09)	-0.26 (55.10)	-0.29 (45.80)
ΔCI_{p3}	0.00 (-20.21)	-0.02 (-40.08)	0.04 (-9.69)	0.05 (-11.74)	0.06 (-12.49)	0.06 (-9.98)
ΔCI_{tot}	0.02	0.04	-0.44	-0.44	-0.47	-0.64

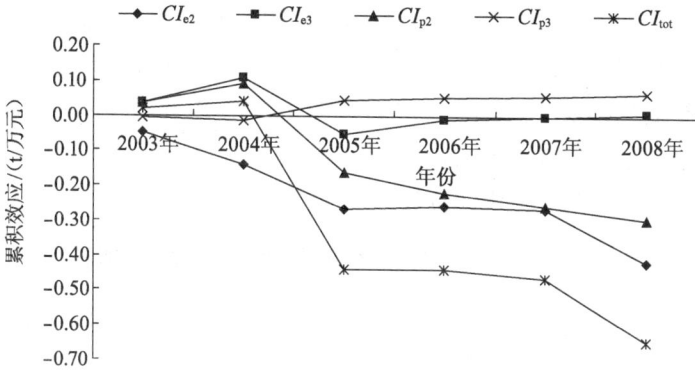

图 5-3　北京市碳强度累积效应

北京市的产业结构不断得到优化升级,至 2008 年产业结构已调整为 1.1∶25.7∶73.2;同时大力发展能耗少、污染少、附加值高、技术密集程度高的工业产业。因此对于北京这类产业结构优化比较先进的地区,产业结构效应对降低建设用地碳强度的作用是小于产业碳强度的,特别是第二产业碳强度。因此可以说北京市实现建设用地碳强度下降的主要原因是第二产业碳强度的下降,即能源利用效率的提高;但是第二产业比重的降低对其贡献也不可忽略。北京市实现了降低建设用地碳强度的目标,优化配置不同产业用地是基础,降低二产碳强度是关键。

由表 5-6 可以看出,湖北省各效应对建设用地碳强度累积贡献率绝对值由大到小依次是:第二产业碳强度、第三产业碳强度、第二产业结构、第三产业结构,其中第二产业碳强度一直处于首要贡献因素地位。与北京市很大的不同点是,湖北省第三产业碳强度贡献作用大于第二产业结构效应。由图 5-4 可以看出,自 2005 年始,由于第三产业碳强度的增加,建设用地碳强度总效应不仅是由第二产业碳强度效应所拉动的,而且是主要综合了两效应的结果。湖北省工业占第二产业比重自 2004 年始呈增加趋势,至 2008 年达到 87.24%;同时工业碳强度自

131

2002 年开始一直处于增加趋势，与建设用地碳强度总效应变化趋势相一致。湖北省 2002—2008 年第二产业与第三产业所占比重变化幅度不大，并且处于波动变化趋势，因此对建设用地碳强度总效应贡献率不大，但是第二产业比重的下降也对建设用地碳强度产生了一定的负效应。

表 5-6 2002—2008 年湖北省各影响因素累积效应变化表

t/万元

效应类型	2002—2003 年	2002—2004 年	2002—2005 年	2002—2006 年	2002—2007 年	2002—2008 年
ΔCI_{e2}	0.15 (55.52)	0.27 (87.93)	0.77 (98.22)	0.84 (86.21)	0.99 (85.25)	0.93 (76.24)
ΔCI_{e3}	0.15 (54.14)	0.09 (27.99)	0.17 (21.90)	0.23 (23.49)	0.31 (26.60)	0.42 (34.26)
ΔCI_{p2}	−0.04 (−13.30)	−0.05 (−14.70)	−0.21 (−26.37)	−0.15 (−15.17)	−0.22 (−18.52)	−0.18 (−14.46)
ΔCI_{p3}	0.01 (3.64)	0.00 (−1.22)	0.05 (6.25)	0.05 (5.47)	0.08 (6.67)	0.05 (3.97)
ΔCI_{tot}	0.27	0.31	0.79	0.98	1.16	1.22

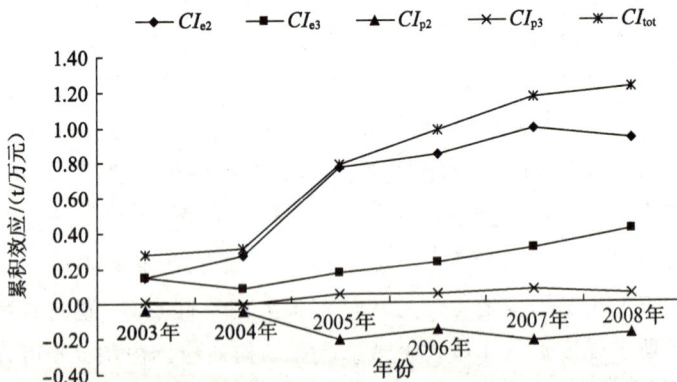

图 5-4 湖北省碳强度累积效应

位于我国中部的湖北省目前正抢抓机遇，承接沿海产业向内陆的梯度转移，同时其产业结构也得到了一定程度的优化，至

2008 年产业结构调整为 15.7∶43.8∶40.5,但还未形成"三二一"格局。虽然第二产业比重下降对降低建设用地碳强度发挥了作用(-14.46%),但无法有效抑制二、三产业碳强度增加对建设用地碳强度的贡献(110.50%),因此湖北省建设用地碳强度呈增加趋势;产业结构调整对降低建设用地碳强度作用不大。因此湖北省在承接产业转移的同时,更需要从产业能源利用效率等方面入手降低建设用地碳强度,不同产业用地配置目前对其作用不显著。

由表 5-7 可以看出,贵州省各效应对建设用地碳强度累积贡献率绝对值由大到小依次是:第二产业碳强度、第三产业碳强度、第三产业结构、第二产业结构,其中,第二产业碳强度仍是主要贡献因素。与以上两个研究区域的不同点是,贵州省第三产业结构作用大于第二产业结构,同时四个累积效应贡献率分布呈梯度格局。至 2008 年,贵州省第二产业比重略大于第三产业,分别是 42.3% 和 41.3%,呈"二三一"格局。第二产业碳强度对建设用地碳强度增加贡献了 98.13%,但是第三产业碳强度很大程度上抑制了建设用地碳强度的增加(-77.32%)。2002—2008 年,贵州省第二产业与第三产业比重同时处于增加趋势,但是第三产业比重增加值是大于第二产业的,因此第三产业结构效应略大于第二产业,并且对建设用地碳强度都呈正效应。二、三产业结构效应的贡献率(79.20%)远远大于二、三产业碳强度效应(20.80%),可以看出结构调整对降低贵州省建设用地碳强度作用显著。同时降低二产碳强度也是重要途径。贵州省工业占第二产业比重至 2008 年达到 88.18%,其工业碳强度是先增加,到 2007 年再呈减少趋势,由图 5-5 可以看出与第二产业碳强度效应变化趋势是一致的,因此降低二产碳强度的关键是降低工业碳强度。

表 5-7　2002—2008 年贵州省各影响因素累积效应变化表

t/万元

效应类型	2002—2003 年	2002—2004 年	2002—2005 年	2002—2006 年	2002—2007 年	2002—2008 年
ΔCI_{e2}	0.49 (74.87)	1.16 (85.95)	1.45 (115.62)	1.84 (110.53)	1.36 (121.57)	0.46 (98.13)
ΔCI_{e3}	0.06 (9.78)	0.02 (1.47)	−0.44 (−35.43)	−0.55 (−32.81)	−0.60 (−54.08)	−0.36 (−77.32)
ΔCI_{p2}	0.16 (25.08)	0.32 (23.77)	0.06 (4.78)	0.17 (10.38)	0.07 (6.33)	0.10 (21.75)
ΔCI_{p3}	−0.06 (−9.72)	−0.15 (−11.19)	0.19 (15.03)	0.20 (11.90)	0.29 (26.17)	0.27 (57.45)
ΔCI_{tot}	0.65	1.35	1.25	1.66	1.12	0.47

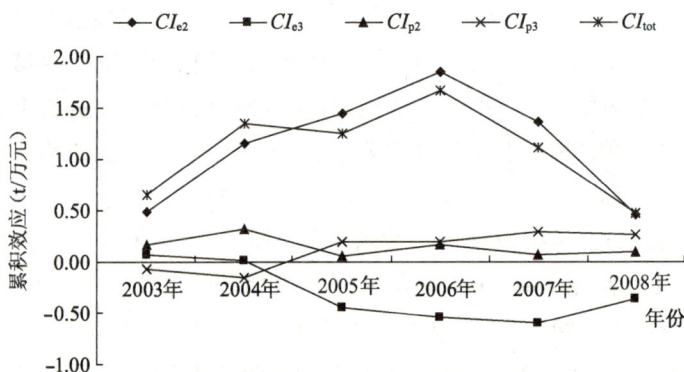

图 5-5　贵州省碳强度累积效应

由以上分析可以看出,位于我国西部的产业承接区贵州省的碳强度是先增加后下降,呈波动变化趋势,首要原因是各产业碳强度效应,但是产业结构效应的作用也不可忽略,特别是第三产业比重的提高。受特殊资源禀赋的限制,贵州省从制度入手使第二产业碳强度实现了一定程度的降低,但是第三产业碳强度已经由逐渐下降转变为增加(到 2007 年),因此应特别注意在优化配置产业用地的同时,相应提高能源利用效率。

第二节　农用地种植业结构调整对碳净吸收的影响

陆地生态系统是全球重要的碳库之一，在全球碳循环和大气 CO_2 浓度变化过程中起着举足轻重的作用，既可以是碳源，又可以是碳汇[1]；同时也是变化最复杂、受人类活动干扰最大的碳库[2]，因此是全球碳循环研究的重点。陆地生态系统包括森林生态系统、草原生态系统、农田生态系统等，其中又以农田生态系统受人类活动（如结构调整、耕作方式等）影响较大，因此本书选择农田生态系统作为研究对象。

目前关于农田生态系统碳效应的研究主要集中在定量估算农田系统碳源/碳汇。Lal[3]估算了农田系统中各种活动（包括灌溉、播种、施肥、收获等）由于能源消耗而产生的碳排放量；Nalley等[4]采用生命周期评价法对美国阿肯色州六大类种植作物在不同的生产实践中整个生命周期的碳排放量进行了估算；赵荣钦等[5]对我国沿海 10 个省（市、自治区）农田生态系统1981—2001 年碳源/碳汇进行了估算，结果表明总碳排放增长速度快于碳吸收增加速度，沿海地区主要粮食作物碳吸收占全

---

①　Cox P M，Betts R A，Jones C D，et al. Accelation of global warming due to carbon-cycle feedbacks in a coupled climate model. Nature，2000，408.

②　李博：《现代生态学讲座》，科学出版社，1995 年。

③　Lal R. Carbon emission from farm operations. Environment International，2004，30.

④　Nalley L，Popp M，Fortin C. How a Cap-and-Trade policy of green house gases could alter the face of agriculture in the South：a spatial and production level analysis. // Southern Agricultural Economics Association Annual Meeting，Orlando，2010.

⑤　赵荣钦，秦明周：《中国沿海地区农田生态系统部分碳源/汇时空差异》，《生态与农村环境学报》，2007 年第 2 期。

国比例有所下降;罗怀良[1]估算了四川省盐亭县近 55 年来农田植被碳储量和植被碳密度的动态变化,结果表明两者都有一定程度的增加,具有碳汇效应;鲁春霞等[2]研究表明我国农田生态系统近 20 年来碳蓄积总量持续增大,其中碳密度高值区主要分布在我国东部地区。以上研究只是单纯地对农田系统的碳源/碳汇时间变化特征进行了分析,缺少空间变化特征的探讨,而且并未对造成碳源/碳汇变化的原因进行深入研究。

我国农田系统受人类影响较大的活动之一就是种植结构调整。改革开放以来,我国一直依据市场需求变化、资源和技术条件变化等不断调整优化农业结构。我国已不再是处于以前那个"以粮为纲"的农业生产时代,而是进入了一个农业发展的新时代。2008 年我国粮食作物播种面积所占比例降到 68.34%,经济作物和其他作物所占比重都实现了一定程度的增加,分别达到 27.8% 和 3.86%。农田系统碳吸收与碳排放由于作物种植结构的变化也会受到一定影响,因此本书接下来将在探讨农田系统碳源/碳汇时空变化规律基础上,采用经济模型分析结构调整等可能因素对碳源/碳汇的影响,以期为相关政策制定提供参考依据[3]。

一、研究方法与数据来源

(一)农田生态系统碳净吸收

农田生态系统是一个开放的系统,农业生产过程也是碳的输入与输出过程。农田生态系统碳的吸收指的是农作物在生育

---

① 罗怀良:《川中丘陵地区近 55 年来农田生态系统植被碳储量动态研究——以四川省盐亭县为例》,《自然资源学报》,2009 年第 2 期。

② 鲁春霞,谢高地,肖玉,等:《中国农田生态系统碳蓄积及其变化特征研究》,《中国生态农业学报》,2005 年第 3 期。

③ 卢娜,曲福田,冯淑怡:《中国农田生态系统碳净吸收重心移动及其原因》,《中国人口·资源与环境》,2011 年第 5 期。

期内通过光合作用同化空气中的 CO_2 的过程[1];农田系统碳排放主要指的是农业生产过程中因能源消耗而产生的碳排放,虽然肥料、机械等不含有能量,但是其在生产或使用过程中是消耗大量能源的,这些能源在农业生产中参与了循环,因此产生的碳排放也应看作农田系统的碳排放,West 等将其称为"全碳分析"[2]。

　　本书提出的碳净吸收是指农作物生育期内碳吸收量与农业生产过程碳排放量的差值。本书拟用碳净吸收来判断农田系统在种植业结构调整过程中是发挥碳源功能还是碳汇功能。碳吸收量采用李克让[1]提出的根据农作物产量、经济系数及碳吸收率来估算农作物生育期内通过光合作用对碳的吸收量;农业生产碳排放量的计算采用 West 等[2]提出的农业生产过程中由于化肥生产、农业机械使用、灌溉等造成的碳排放量。具体计算方法如下:

$$C_s = \sum_i \frac{C_{fi} y_{wi}}{H_i} \tag{5-4}$$

$$\begin{aligned}
E_c &= E_f + E_m + E_i \\
&= (G_f \times c_1 \times 10^{-3}) + (A_m \times c_2 \times 10^{-7} + W_m \times c_3 \times 10^{-3}) + \\
&\quad (A_i \times c_4 \times 10^{-7}) \tag{5-5}
\end{aligned}$$

$$C_{净} = C_s - E_c \tag{5-6}$$

　　上述式中,C_s 为区域农田生态系统作物碳吸收量(万 t);C_{fi} 为第 i 种作物合成单位有机质(干重)所吸收的碳,即碳吸收率(%);Y_{wi} 为第 i 种作物经济产量(万 t);H_i 为第 i 种作物经济系数,即果

---

　　① 李克让:《土地利用变化和温室气体净排放与陆地生态系统碳循环》,气象出版社,2002 年。

　　② West T O, Marland G. A synthesis of carbon sequestration, carbon emissions, and net carbon flux in agriculture: comparing tillage practices in the United States. Agriculture, Ecosystems and Environment, 2002, 91.

实占作物生物量的比例（％）；E_c 为农业生产过程碳排放量（万 t）；E_f 为化肥施用碳排放量（万 t）；E_m 为农业机械使用碳排放量（万 t）；E_i 为灌溉碳排放量（万 t）；G_f 为化肥施用量（万 t）；$c_1 = 857.54$ kg/t；A_m 为农作物播种面积（hm^2），$c_2 = 16.47$ kg/hm^2，W_m 为农业机械总动力（10^4 kW），$c_3 = 0.18$ kg/kW；A_i 为农作物有效灌溉面积（hm^2），$c_4 = 266.48$ kg/hm^2；$C_净$ 表征碳净吸收量（万 t）。

（二）碳净吸收重心

重心概念来源于物理学，指某个物体各部分所受重力产生合力的作用点①。当某种属性的重心随着时间而出现转移时，移动方向就指向了该属性的"高密度"部位，偏移距离则表示非均衡程度。因此重心的运动方向、速度等是表征某属性空间变化的最好指标②。目前该理论已广泛应用于经济重心③、产业重心④、人口重心⑤、耕地重心②、城市群重心⑥、能源消费造成的环境污染重心迁移⑦等方面的研究上。

本书通过引入重心理论来分析我国农田生态系统碳净吸收的空间变化规律。该理论假设全国各省级行政区域（不包括港澳台地区）处在同一质平面上，各区域农田生态系统碳净吸收点

---

① 乔家君，李小建：《近 50 年来中国经济重心移动路径分析》，《地域研究与开发》，2005 年第 1 期。

② 高志强，刘纪远，庄大方：《我国耕地面积重心及耕地生态背景质量的动态变化》，《自然资源学报》，1998 年第 1 期。

③ 冯宗宪，黄建山：《1978—2003 年中国经济重心与产业重心的动态轨迹及其对比研究》，《经济地理》，2006 年第 2 期。

④ 孙希华：《山东省产业重心转移与可持续发展研究》，《地球信息科学》，2001 年第 1 期。

⑤ 段学军，王书国，陈雯：《长江三角洲地区人口分布演化与偏移增长》，《地理科学》，2008 年第 2 期。

⑥ 陈志刚，王青，黄贤金，等：《长三角城市群重心移动及其驱动因素研究》，《地理科学》，2007 年第 4 期。

⑦ 王倩倩，黄贤金，陈志刚，等：《我国一次能源消费的人均碳排放重心移动及原因分析》，《自然资源学报》，2009 年第 5 期。

集中在各省会城市。各省会城市都是平面上的一个质点,且具有不同的重量,全国农田生态系统碳净吸收重心位置即各质点重量对比均衡点。重心位置一般用经纬度表示,具体如下:

$$X_t = \frac{\sum C_{净tj} x_j}{\sum C_{净tj}}, Y_t = \frac{\sum C_{净tj} y_j}{\sum C_{净tj}} \tag{5-7}$$

式(5-7)中,X_t,Y_t 分别表示第 t 年农田生态系统碳净吸收重心经纬度坐标;$C_{净tj}$ 表示第 t 年 j 省的农田系统碳净吸收量;x_j,y_j 分别表示 j 省省会城市所在经纬度坐标。

（三）柯布-道格拉斯生产函数（C-D 生产函数）

本书采用 C-D 生产函数分析结构调整对碳净吸收的影响程度。农田生态系统碳净吸收不仅受种植业结构调整影响,还可能会受到气候、经济、社会、制度等多种因素的综合影响。区域自然条件、经济发展等因素的变化都可能引起该区域农业种植结构与农业投入的变化,从而影响到我国农田生态系统的碳净吸收。本书利用 C-D 生产函数来分析影响我国不同区域农田系统碳净吸收变化的可能因素,并探讨各因素对碳净吸收重心移动的影响。

本书综合戴景瑞等[①]提出的农业区域布局,将我国划分为 8 个农业生产区域(不包括港澳台地区)[②],利用 30 个省(市、自治区)[③]1993—2008 年的面板数据,采用 C-D 生产函数对影响碳净吸收的因素进行实证检验。影响各区域碳净吸收的主要因素除了包括土地、劳动力和资本(如化肥、机械、灌溉)等传统生

---

① 戴景瑞,胡跃高:《农业结构调整与区域布局》,中国农业出版社,2008 年。

② 东北区:黑龙江、吉林、辽宁;黄淮海区:北京、天津、河北、河南、山东;长江中下游区:湖北、湖南、江西、安徽、江苏;东南沿海区:上海、浙江、福建、广东、海南;黄土高原区:陕西、山西、甘肃;西南区:四川、重庆、云南、贵州、广西;蒙新区:内蒙古、新疆、宁夏;青藏区:青海、西藏。

③ 1997 年重庆列为直辖市,为了统计的一致性,仍将重庆市归并在四川省。

产要素外,还包括种植结构、技术进步、农地产权制度、经济发展,因此扩展的生产函数如式(5-8)所示:

$$S = f(土地,劳动力,资本,技术,结构调整,使用权,收益权,比较效益) \tag{5-8}$$

土地投入用农作物播种面积(Land)表示。农作物播种面积增加可以提高作物产量,从而提高碳吸收量;然而如式(5-5)所示,播种面积的增加也会造成碳排放量的增加。因此土地投入对碳净吸收的作用是不确定的。

劳动力用从事种植业劳动力(Labor)表示。劳动力投入增大可以提高作物精耕细作水平、提高产量,从而对碳净吸收具有正效应。

资本用化肥投入(Fert)与农用机械总动力(Machine)表示。化肥与农用机械的使用可以增加农作物产量,从而提高碳吸收量;但如式(5-5)所示,化肥与农用机械在使用中也会增加碳排放量。通常来讲,二者的碳排放量与碳吸收量相比数量较小,因此可以假设资本投入对碳净吸收具有正向影响。

技术通常用时间趋势(T)表示。随着时间的推移,农作物种植技术不断提高,因此技术对碳净吸收具有正效应。

使用权(Use)用虚拟变量表示,以 2003 年实施的《农村土地承包法》为边界,2003 年之前赋值 0,之后(包括 2003 年)赋值 1。以法律形式确定"保护农村土地承包关系的长期稳定"对农民从事农业生产具有一定的激励作用,因此使用权对碳净吸收有正效应。

收益权[①]用农业税负担(Tax)衡量,采用虚拟变量表示,各

---

① 收益权可以用粮食收购价格指数或农业税表示,但全国农村固定观察点办公室的研究结果表明由于我国粮食商品率较低,所以收购价格的高低对农民种粮积极性影响较小,因此本书选择以农业税负担表示。

省(市、自治区)农业税废止前年份赋值 0,之后赋值 1。农业税负担越低表明农民对土地收益独享性越好,因此收益权对碳净吸收具有正效应。

比较效益①用非农收入比例(CB)表示,具体用各省(市、自治区)农民人均纯收入占全国农民人均纯收入比值表示。非农收入高一方面会导致农业生产所需劳动力减少,降低农业产出;另一方面也会导致农户收入增加,从而增加农业投入(如化肥、机械的使用),增加农业产出。因此非农收入对碳净吸收的效应是不确定的。

结构调整用粮食作物播种面积占农作物总播种面积比例(PS)表示。我国粮食作物产量高于经济作物,因此种植结构对碳净吸收具有正效应。

除以上考虑的因素外,各区域可能还存在其他方面的差异。为了得到一致估计,在生产函数中设置了 7 个虚拟变量,虚拟变量以各方面条件相对较优的东南沿海区为基准进行设定。因此扩展后的生产函数的对数形式如下:

$$\ln C_{净} = a_0 + a_1 \ln Land + a_2 \ln Labor + a_3 \ln Machine + a_4 \ln Fert +$$

$$a_5 Use + a_6 Tax + a_7 CB + a_8 PS + a_9 T + \sum_{g=10}^{16} a_g D_k + \varepsilon$$

$$(5\text{-}9)$$

式(5-9)中,$C_{净}$ 指农田生态系统碳净吸收量(万 t);a_0 指常数项;$Land$ 指土地投入(千 hm²);$Labor$ 指劳动力投入(万人);$Machine$ 指机械投入(万 kW);$Fert$ 指化肥施用量(折纯量)(万 t);Use 指使用权;Tax 指农业税负担;CB 指非农收入比例

① 农民人均纯收入包括"工资性收入""家庭经营纯收入""财产性收入"和"转移性收入"。不同地区由于经济发展水平不同,农民人均纯收入构成不同。当前农业种植收入占农民收入比例逐渐降低,其他来源所占比例逐渐提高。由于统计数据中无法获取各地区农民非农收入相关数据,因此采用农民人均纯收入占全国农民人均纯收入比重来表征各地区农民收入中非农收入的比重。农民人均纯收入占全国农民人均纯收入比重越大,说明该地农民收入中非农收入比重越大。

（％）；PS 指种植结构（％）；T 指技术进步；D_k 指虚拟变量；ε 是误差项；a_g 是各变量系数；$k=1,2,\cdots,7$。

（四）数据来源与处理

本书所用数据为 1993—2008 年我国 30 个省（市、自治区）的面板数据。计算碳吸收/排放及计量模型分析中的各种农作物产量[①]、化肥施用量（折纯量）、农业机械动力、农作物播种面积、灌溉面积、农业产值、从事第一产业劳动力等统计数据均来自《改革开放三十年农业统计资料汇编》和历年《中国农村统计年鉴》；碳吸收率、作物经济系数见附录 4。

计算碳净吸收重心坐标时，本书从中国资源环境数据库[②]中直接获取 1：400 万分的省行政界线图，然后利用 GIS 空间查询功能，生成各省（市、自治区）经纬度坐标数据库；接着利用式（5-7）计算了不同时期我国农田生态系统碳净吸收重心经纬度坐标，并生成 dbf 数据文件；最后利用 ArcGIS 的表格加载功能，在行政界线图层上定位不同时期碳净吸收重心经纬度坐标。

计量模型分析中有一些变量不能直接获取，需要做一些处理。如劳动力投入指从事种植业的劳动力，而统计数据中只有从事第一产业的劳动力数据。因为从事第一产业的劳动力中从事种植业的劳动力占较大比例，同时农业产值中也是种植业产值占较大比例，因此这里用农作物产值占农业总产值的比例对从事第一产业劳动力进行了加权。

二、研究结果与分析

（一）农田系统碳吸收变化

我国种植业结构调整主要是粮食作物与经济作物之间种植

---

① 农作物选取了全国具有代表性的稻谷、小麦、玉米、薯类、豆类、棉花、油菜、花生、甘蔗、甜菜和烟叶。

② http://nfgis.nsdi.gov.cn/sdinfo/download.asp.

结构的调整,在调整过程中,不同作物播种面积不断变化,而且不同作物对 CO_2 的同化能力不同,因此对农田系统的碳吸收量影响较大。农作物干物质积累能够反映其同化能力,而作物干物重量可依据经济产量计算。虽然粮食作物播种面积持续减少,但是随着农业生产技术的提高,粮食作物产量除在 2000 年有所减产之外都是持续增加的,2008 年达到 52 870.90 万 t;经济作物所占比重逐渐提高,作物产量整体上也呈增加趋势。

从图 5-6 可以看出,1993—2008 年我国农作物碳吸收量与粮食产量变化趋势大致相同,呈波动变化趋势。两变量的 Spearman 相关系数为 0.85,在置信度为 0.01 的水平下显著相关,说明我国农作物碳吸收量主要是由粮食作物产量决定的。我国农田系统碳吸收量由 1993 年的 0.56 Gt 波动增加到 2008 年的 0.74 Gt,年平均增长速度为 1.86%。

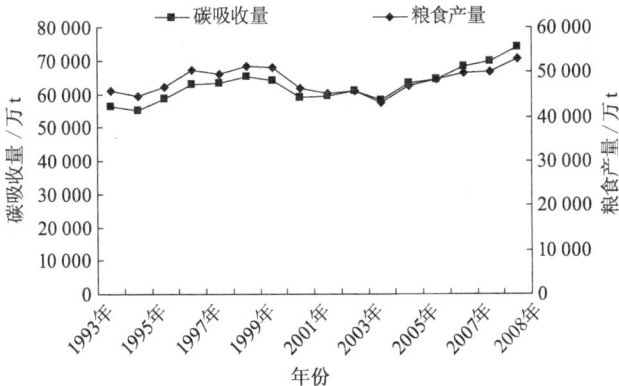

图 5-6 1993—2008 年我国农作物碳吸收量与粮食产量变化图

我国粮食作物与经济作物碳吸收量所占比重变化趋势与种植业结构调整变化趋势一致。粮食作物是主要碳吸收作物类型,虽然碳吸收量所占比例由 1993 年的 81.24% 下降到 2008 年的 74.38%,但仍占有较大比例;经济作物碳吸收量所占比例则由 18.76% 上升到 25.62%。

由图 5-7 可以看出,不同作物碳吸收量变化趋势不完全相同。不同作物中,主要的碳吸收作物类型包括稻谷、小麦、玉米和甘蔗,其中以粮食作物为主;经济作物只有甘蔗碳吸收量较大,而且增加速度较快。产生此结果的原因主要是粮食作物播种面积较大,产量较其他作物也大很多;甘蔗播种面积虽然不大,但是其经济产量较大,农作物干物质积累较多,所以对碳的固定量较大。

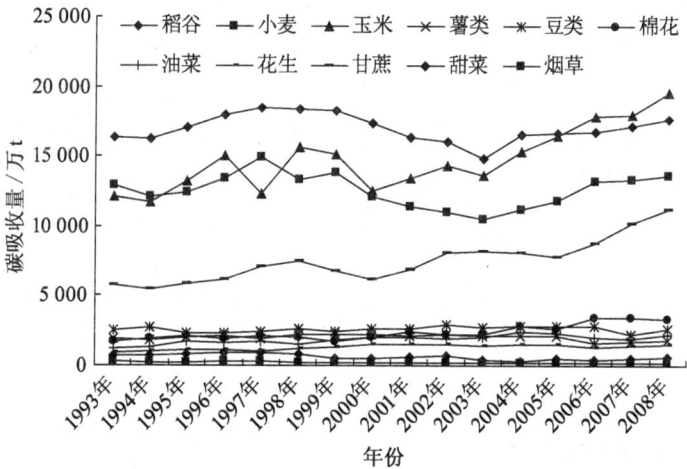

图 5-7 1993—2008 年主要农作物碳吸收量变化图

(二)农田系统碳净吸收时空变化

如图 5-8 所示,1993—2008 年,我国农田系统碳净吸收呈缓慢上升趋势,由 0.52 Gt 增加到 0.68 Gt,年平均增长率为 1.79%;但是不同年份间碳净吸收变化率波动幅度较大。农田系统碳净吸收不断增加说明我国农田系统碳汇功能是不断加强的。

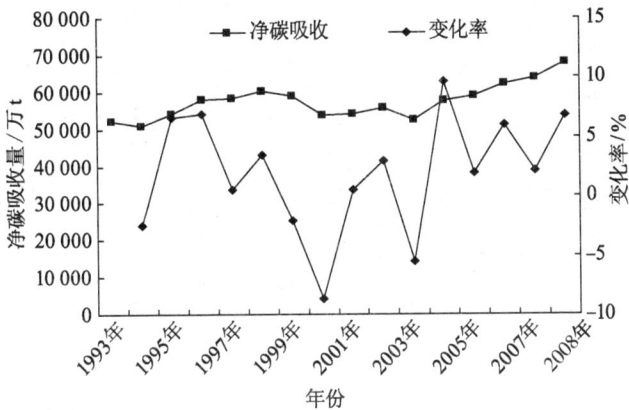

图 5-8 我国农田生态系统碳净吸收变化图

我国农田生态系统碳净吸收变化具有较大的区域差异,如图 5-9 所示。长江中下游区、东南区、黄土高原区农田生态系统碳净吸收占全国总量的比例是逐渐下降的,其中以东南区减少速度最快,年均减少 4.16%;西南区、东北区、蒙新区所占比例是逐渐上升的,其中西南区所占比例由 19.65% 增长到 25.36%,成为我国农田系统碳净吸收主要贡献区;而蒙新区是增长速度最快的地区,年均增加 2.63%;黄淮海区与青藏区变化不大,黄淮海区所占比例在 21.29%~23.72% 内波动,青藏区所占比例仅为 0.26%~0.31%。

为了将我国农田系统碳净吸收变化趋势落实到地理区域上,更加形象、深入地把握其空间变化规律,本书利用重心理论得到 1993—2008 年碳净吸收重心移动轨迹(见表 5-8、图 5-10 所示)。

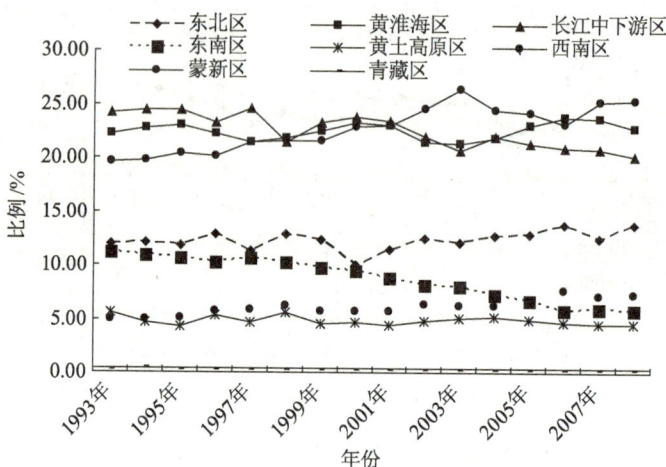

图 5-9　不同区域农田系统碳净吸收变化图

表 5-8　我国农田系统碳净吸收重心移动表

年份[1]	偏移距离[2]/km	偏移角度/(°)	偏移方向	年份	偏移距离/km	偏移角度/(°)	偏移方向
1994 年	2.17	76.41	东北	2002 年	9.91	33.87	西北
1995 年	7.71	40.94	西南	2003 年	29.85	31.01	西南
1996 年	5.30	82.53	东北	2004 年	34.89	40.75	东北
1997 年	30.76	57.40	西南	2005 年	3.06	86.26	西北
1998 年	7.71	80.57	西北	2006 年	9.59	75.35	东北
1999 年	8.84	49.17	东南	2007 年	28.08	59.21	西南
2000 年	46.65	36.22	西南	2008 年	15.09	47.59	东北
2001 年	11.85	45.59	东北	1993—2008 年	74.17	15.67	西北

　　注：(1) 表中各年份重心偏移距离、角度及方向都是相对于上一年来确定的；仅有 1993—2008 年指的是 2008 年重心相对于基期年 1993 年重心的偏移变化；(2) 偏移距离指的是欧氏距离，$S_i = \sqrt{(x_i - x_{t-1})^2 + (y_t - y_{t-1})^2}$。

　　由表 5-8 可以看出,如果以 1993 年的重心位置为原点,2008 年的重心位置向西北方向偏移了 15.67°,偏移距离为 74.17 km。1993—2008 年,我国农田系统碳净吸收重心位置偏移距离与偏移角度的大小,在不同年际间变化程度不一,而且并无稳定的偏移规律,其中偏移距离由 3.06 km 至 46.65 km 不等,偏移角度由 15.67°至 86.26°不等;从偏移方向看,整体上向西北方向移动。

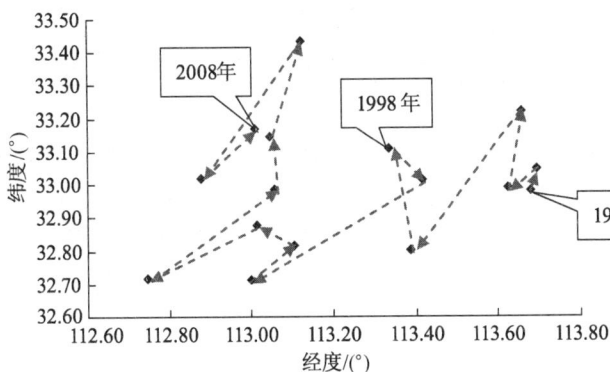

图 5-10　我国农田系统碳净吸收重心移动轨迹图

　　图 5-10 表明,我国农田生态系统碳净吸收重心移动具有以下三个特征:一是重心位于黄淮海区的河南省西南部,1993 年位于(113.68°E,32.98°N),2008 年位于(113.01°E,33.17°N),偏离我国的几何中心(103°50′E,36°N);二是从移动方向上看,重心位置呈现向西北方向移动的趋势,落实到行政图上是由驻马店市—南阳市—平顶山市—南阳市,2008 年仍在河南省境内;三是如果以 1993 年的重心位置为原点,经度呈减小趋势,纬度先减小后增大。

　　(三)C-D 生产函数模型拟合结果

　　由于本书选取的是我国 30 个省(市、自治区)1993—2008

年的面板数据,采用传统的最小二乘法进行模型拟合并不合适。本书利用软件 Stata 9 分别采用处理面板数据的固定效应模型(fixed effects,FE)和随机效应模型(random effects,RE)对影响我国农田系统碳净吸收动态变化的因素进行估计。豪斯曼检验(Hausman test)所获取的卡方检验(Prob>Chi 2=0)拒绝原假设,因此固定效应模型更有效。固定效应模型回归结果如表5-9 所示。

表 5-9　计量经济模型估计结果

自变量	预期效应	FE 模型系数
Constant		$-5.40^{***}(-9.05)$
ln *Land*	$+/-$(不确定)	$1.07^{***}(13.25)$
ln *Labor*	$+$	$0.24^{***}(4.21)$
ln *Machine*	$+$	$0.01(0.93)$
ln *Fert*	$+$	$0.27^{***}(5.73)$
Use	$+$	$0.07^{***}(3.48)$
Tax	$+$	$0.07^{***}(3.45)$
CB	$+/-$(不确定)	$0.17^{*}(2.14)$
PS	$+$	$1.29^{***}(9.26)$
T	$+$	$-0.000\ 3(-0.09)$
R^2		0.92
F 值		109.53^{***}

注:(1) 括号内数值是 t 值;(2) ***,**,* 分别表示统计检验显著性为 1%,5%,10%;(3)由于地区虚拟变量不随时间变化,所以固定效应模型结果中不包含地区虚拟变量。但是在随机效应模型的估计中包含了地区虚拟变量。

从表 5-9 可以看出,固定效应模型的 R^2 值为 0.92,所对应的 F 检验在 1% 水平上显著。结果表明,影响农田系统碳净吸收的四种常规投入中,土地的弹性系数最大,说明土地是一种非常稀缺的资源,是影响农田系统碳净吸收的最重要的因素。劳动力和化肥投入对碳净吸收影响也很显著,但其弹性系数较小。机械使用对农田系统碳净吸收的影响不显著。这说明目前我国仍是主要依靠土地、劳动力和化肥投入来提高农田生态系统碳净吸收量。

控制变量中,反映结构调整的种植结构系数符号与预期相符,说明粮食作物比重的提高可以增加农田生态系统碳净吸收量;其变量系数显著大于其他控制变量系数,说明种植业结构调整对碳净吸收影响较大。反映产权效应的使用权和收益权系数都显著为正。这表明加强农地承包经营权的稳定性可以增强农民对土地使用权安全性的信心,从而提高农民对农业投资的积极性;另外,国家对农业税的减免,即农民收益权的增加也促进了农户农业生产积极性的提高。反映经济社会发展的非农收入比重系数为正。这说明非农收入增加的现金投入效应超过了其劳动力减少的效应,从而提高了农业产出,增加了农田系统碳净吸收量。反映技术进步的时间趋势对碳净吸收影响不显著,技术进步的效果可能已从化肥施用等因素中得到了体现。

由于我国农田生态系统碳净吸收区域差异显著,为了进一步分析种植业结构调整等影响因素对不同区域农田生态系统碳净吸收的相对贡献,本书采用了林毅夫[1]、Fan 等[2]利用生产函数模拟结果计算贡献率的方法,将农田生态系统碳净吸收量变化的原因归结为三类:(1)常规投入的变化;(2)控制变量的变

---

①　林毅夫:《制度、技术与中国农业发展》,上海人民出版社,1995 年。

②　Fan Shenggen,Philip G P. Research,productivity and output growth in Chinese agriculture. Journal of Development Economics,1997,53.

化;(3)无法解释的残差①,其中前两项再参照前面构建的生产函数具体分成几项。计算结果如表 5-10 所示。

表 5-10 表明,各影响因素对不同区域碳净吸收贡献率存在显著差异。常规投入,特别是土地、化肥对各区域碳净吸收贡献都较为显著;控制变量中的种植结构变化、使用权、收益权对区域碳净吸收的贡献也不可忽略,其中种植业结构调整对黄淮海区、东南沿海区、黄土高原区、西南区、蒙新区和青藏区影响较大,收益权与使用权对东北区、长江中下游区贡献显著。

尽管化肥的施用(23.09%)及使用权(19.41%)和收益权(18.15%)的改善对农田生态系统碳净吸收具有显著的促进作用,然而 1993—2008 年东南沿海区农田系统碳净吸收下降了36.47%。这是因为由于工业化城市化的发展,东南沿海区农作物播种面积减少 22.20%,粮食作物比重下降 14.66%。农作物播种面积(-64.98%)和粮食作物比重(-51.72%)的下降对东南沿海区农田生态系统碳净吸收的负面影响远远超过了化肥施用以及使用权和收益权改善对农田生态系统碳净吸收的正面影响。

尽管粮食作物比重的下降对农田生态系统净吸收具有一定的负面影响(-16.36%),然而蒙新区农作物播种面积和化肥施用量这两项常规投入对农田生态系统碳净吸收的贡献就达到了105.33%,从而导致蒙新区成为农田系统碳净吸收比重增长速度最快的地区,1993—2008 年其农田生态系统碳净吸收上升了96.29%。

---

① 无法解释的残差对碳净吸收的贡献可能代表了测算过程中没有包括的技术变迁、气候等自然因素及其他因素的影响。

表 5-10　我国各区域农田生态系统碳净吸收贡献率表

%

	黄淮海区	东北区	长江中下游区	东南沿海区	黄土高原区	西南区	蒙新区	青藏区
A. 常规投入	110.89	82.44	58.92	60.23	103.78	124.02	107.33	−737.61
Land	34.43	53.38	−3.38	64.98	−52.80	48.05	47.95	95.28
Labor	−40.51	−6.67	−91.57	19.77	−31.87	−42.70	−0.14	106.94
Machine	12.52	2.90	16.91	−1.42	12.64	10.18	2.14	−127.15
Fert	104.45	32.83	136.96	−23.09	175.81	108.49	57.37	−812.69
B. 控制变量	21.17	27.65	94.47	26.04	51.20	5.86	−2.05	612.67
Use	42.00	12.91	64.94	−19.41	65.21	38.20	7.35	−355.96
Tax	39.27	12.08	60.73	−18.15	60.98	35.72	6.87	−332.85
CB	14.77	−1.20	14.51	10.74	0.32	−2.06	0.52	165.57
PS	**−72.40**	**4.62**	**−41.90**	**51.72**	**−71.48**	**−63.76**	**−16.36**	**1 115.03**
T	−2.46	−0.76	−3.81	1.14	−3.83	−2.24	−0.43	20.89
C. 残差	−32.06	−10.08	−53.40	13.72	−54.97	−29.87	−5.28	224.94
总贡献率	100	100	100	100	100	100	100	100

注：（1）解释变量的系数：各变量的系数值均来自于表 5-9，由于各变量的系数在估计函数中是双对数形式，因而系数值直接来自表 5-9；而由于解释变量 Use，Tax，CB，T 在估计增长率的半对数形式，因此系数值需要乘以 100，以转换成相应百分比。（2）解释变量的变化：常规投入变量的变化指该增长变量的变化，而变量 Use，Tax，CB，PS，T 是该变量在 t_2 − t_1 间的差值。（3）解释变量对农田生态系统碳净吸收贡献率的计算：首先用解释变量的总碳净吸收系数乘以解释变量的变化，表示由各解释变量变化所导致的碳净吸收的变化；假设由各解释变量变化所导致的碳净吸收为 100，计算各解释变量变化对其贡献。（4）由于各解释变量变化所导致的总碳净吸收的贡献；其次，假设由各解释变量变化所导致的碳净吸收变化为 100，计算各解释变量变化对其贡献。（4）由于各解释变量变化所导致的总碳净吸收变化会发生正负相抵，从而可能会造成总的碳净吸收值较小，因此部分解释变量对碳净吸收贡献率大于 100%。（5）数值前的正号只是表征各影响因素发生变化所导致的碳净吸收变化的方向，因此正号只是表征各影响因素影响碳净吸收变化的方向。（5）由于东南沿海区和青藏区总碳净吸收是负的，因此负号的碳净吸收与预期效应相反，因此各影响因素对其贡献的符号与总碳净吸收变化的符号效应相反。

与蒙新区相似,西南区常规投入中化肥和土地对农田生态系统碳净吸收的贡献分别为 108.49％和 48.05％,远远大于种植结构的调整对其的负面影响(－63.76％),促使其成为我国农田系统碳净吸收的首要贡献区。

虽然黄淮海区、黄土高原区种植业结构调整对碳净吸收的负效应较大(－72.40％和－71.48％),但是都不足以抵消各区域常规投入中土地和化肥的正效应,因此两区域碳净吸收还是增加的,化肥使用的增加是最重要的贡献。

东北区是我国唯一一个粮食作物种植比重增加的区域,但是由于比重增加值较小(由 86.56％增加到 88.53％),故其对碳净吸收仅发挥了 4.62％的贡献。

1993—2008 年青藏区农田系统碳净吸收共减少 1.99％,其中仅种植结构调整就贡献了 1 115.03％,远远大于化肥等其他因素对其产生的正效应,从而成为该区域碳净吸收减少的最主要贡献因素。

长江中下游区农田系统碳净吸收共增长 10.90％,其中化肥是贡献份额最大的正效应(136.96％),使用权(64.94％)与收益权(60.73％)也呈正效应;粮食所占比重下降 3.5 个百分点的结构调整过程对其产生的负效应(－41.90％)还是小于劳动力(－91.57％)的减少对其产生的负效应。

第三节　本章小结

一、研究结论

（一）建设用地产业结构调整对碳强度的影响

通过选择我国产业结构调整与建设用地碳强度变化具有代表性的研究区域(北京市、湖北省、贵州省),采用 LMDI 指数分解法分析产业结构调整对建设用地碳强度的影响程度,研究结论如下：各产业碳强度效应和产业结构效应对不同研究区域的影响程度不同，2002—2008年，产业强度累积效应是北京市、湖北省建设用地碳强度变化的主要影响因素，而贵州省的主要影响因素则是产业结构累积效应；对于产业结构已调整为"三二一"模式的北京市，其建设用地碳强度下降的主要原因是第二产业碳强度的下降，但是第二产业比重的降低对其贡献也不可忽略；对于作为产业承接区、产业结构得到一定优化，但是仍处于"二三一"模式的湖北省，其建设用地碳强度不断增加，主要是由于第二产业碳强度增加所致，产业结构调整作用不大；对于产业结构呈波动变化趋势的贵州省，其建设用地碳强度波动变化的首要原因是各产业碳强度效应，而产业结构调整是建设用地碳强度增加的首要贡献效应。

总之，对于产业结构已实现优化的东部沿海发达地区，它们实现节能减排的着重点应是降低产业碳强度，特别是第二产业碳强度。对于承接产业转接、产业结构还未实现优化的中西部地区，在降低第二产业碳强度的同时，通过优化产业结构来实现节能减排还是具有很大空间的。

（二）农用地种植业结构调整对农田系统碳净吸收的影响

利用我国1993—2008年农作物产量及农业生产投入等统计数据，通过采用重心模型分析我国农田系统碳净吸收时空变化特征；并采用C-D生产函数模型来分析种植业结构调整对我国及不同区域农田系统碳净吸收变化的影响，主要结论如下：我国农田系统碳净吸收是呈波动增加趋势的，其中以粮食作物净吸收所占比重为主；碳净吸收重心偏离我国几何中心，其中坐标经度值减小较快，纬度值波动增加，落实到地理区域上重心总体呈向西北方向移动的趋势；东南区与蒙新区是农田系统碳净吸收比重下降和增加速度最快的地区，而西南区已逐渐成为我国农田系统碳净吸收的主要贡献区；影响我国农田系统碳净吸收的首要因素是常规投入,但种植结构是控制变量中的重要因素;种植结构因素对不同区域碳净吸收贡献方向与贡献率不同,而且是除东北区和长江中下游区以外其他六区域控制变量中最主要的贡献因素,因此该因素对碳净吸收变化的影响较显著。

总之,粮食作物播种面积所占比重不断下降是我国农业结构调整所带来的必然结果,而且对农田系统碳净吸收产生较显著的负效应,但是目前在我国大多数区域,其对碳净吸收的负效应还不足以抵消常规投入(如化肥)对其产生的正效应。虽然存在以上情况,但是不同区域也应根据自身情况从其他措施入手来不断增加农田系统的碳吸收或者减少碳排放,例如可以通过改进农业生产技术和管理水平、实行农林复合种植等措施提高作物产量,以进一步提高农田系统碳吸收量;在化肥使用过度的区域可以通过科学的施肥方式来减少碳排放。

二、讨论

本书在分析农田系统碳净吸收时以统计资料为主,而且只是对部分碳吸收和碳排放进行了估算,因此估算结果难免存在一定的误差。在农田系统中,土壤是巨大的碳库,而且碳储量会受到耕作等措施的影响;另外,土壤中微生物活动和土壤呼吸也会造成大量碳排放,对碳净吸收产生一定影响。限于学科背景,本书未考虑微观层面因素对碳吸收/排放的影响。

农田生态系统碳循环是全球气候变化研究的重点,在今后的研究过程中,应不断扩展研究的深度和广度,深入探讨农田系统碳循环机制。

第六章 土地利用施肥技术变化碳排放效应分析

农田管理措施不仅决定土地利用的经济潜力,而且通过改变土壤温度、湿度、根系生长状况及作物残茬的数量和质量来最终影响土壤有机质①。在微观层面,本书试着以农田系统农户土地利用行为为研究对象,分析土地利用变化对碳排放的影响。

目前关于土地利用变化、农田系统及碳效应之间关系的研究主要集中在两个方面:一是以长期定位观测试验测定为基础,分析不同农田管理措施(耕作、施肥、轮作等)对土壤碳储量的影响②;二是分析不同农田管理措施(耕作、施肥、轮作等)对温室气体排放的影响③。结合本书的研究目标,本章将在已有研究基础上以第二类的研究为出发点分析土地利用变化对碳排放的影响,即农户不同农田管理措施对碳排放的影响。

农田投入的生产、储存和运输都会消耗一定量的化石能源,从而造成碳排放,例如我国农业生产主要的物资投入——化肥。化肥本身的生产与使用对资源的消耗及对环境的影响是一定

---

① 杨景成,韩兴国,黄建辉,等:《土地利用变化对陆地生态系统碳贮量的影响》,《应用生态学报》,2003 年第 8 期。

② 孟磊,丁维新,蔡祖聪,等:《长期定量施肥对土壤有机碳储量和土壤呼吸影响》,《地球科学进展》,2005 年第 6 期。

③ 秦晓波,李玉娥,刘克樱,等:《不同施肥处理稻田甲烷和氧化亚氮排放特征》,《农业工程学报》,2006 年第 7 期。

的,但是不同施肥技术通过改变养分投入,从而会对资源消耗和环境影响产生一定的差异。农业生产采用不同施肥技术并未改变土地利用类型,只是土地利用内部条件的变化,因此属于土地利用渐变,本书将其概括为土地利用技术。

本章将以农户调查数据为基础,采用生命周期评价方法对样本区域内作物生产"从摇篮到坟墓"(整个生命周期)过程中两种不同施肥技术(常规施肥技术和推荐施肥技术)造成的碳排放清单进行对比分析。研究结果对实现农业节能减排、推广农业生产技术及制定相关农业政策具有重要意义。

第一节　研究区域与数据来源

一、调查区域选择

本章主要研究农户不同农田管理措施对农作物生命周期内碳排放量的影响。因此在选择调查样本点时,主要基于以下三点考虑:一是样本点所在地区农业生产较发达,并且农业生产技术较先进;二是该地区工业较发达,经济社会在快速发展的同时与环境之间的矛盾较突出;三是该地区是研究的热点地区,这对研究过程中获取相关参数很有帮助。

太湖流域是我国农业高产地区,受到工业化的影响,其所面临的生态环境问题较严重,因此是不同学科研究的热点地区。本章选择江苏省内太湖流域上游地区,具体包括镇江丹阳市、常州市和无锡市为研究区域。由于丹阳市、常州市及无锡市市区主要以第二产业和第三产业为主导产业,在农户调查时没有考虑市区区域。最终确定的调查区域为:镇江丹阳市,无锡宜兴市和江阴市,常州武进区、金坛市和溧阳市。

二、调查区域概况

（一）自然地理概况

镇江市处于江苏省西南部,长江下游南岸,介于北纬 $31°37'$ ～ $32°19'$ 、东经 $118°58'$ ～ $119°58'$ 之间；土地总面积为 $3\,847\ km^2$,其中水域面积占总面积的 13.7% ；地势南高北低,西高东低,以山地、丘陵、岗地和平原为主。气候属于亚热带季风气候,四季分明,年平均气温为 $15.5\ ℃$ 。全市水资源以人工运河为主,生物资源较丰富。

无锡市地处长江三角洲江湖间走廊部分,江苏省东南部,介于北纬 $31°07'$ ～ $32°00'$ 、东经 $119°31'$ ～ $120°36'$ 之间；全市总面积为 $4\,787.6\ km^2$,其中山区和丘陵占总面积的 16.8% ,水域占 22.82% ；地形以平原为主,零星分布有低山、残丘；地势由中西向东缓缓倾斜。气候属亚热带季风海洋性气候,四季变化分明,气候温和湿润。无锡市地表水资源丰富,其中太湖总面积为 $2\,250\ km^2$ 。

常州市地处江苏省南部,属长江下游地区,介于北纬 $31°09'$ ～ $32°04'$ 、东经 $119°08'$ ～ $120°12'$ 之间；全市总面积为 $4\,385\ km^2$ ；地貌类型属高沙平原,山丘平圩兼具；地势西南略高,东北略低。气候属北亚热带季风性湿润气候区,气候温和湿润,年平均气温为 $16.4\ ℃$ 。常州市土壤肥沃、河网密布、热量丰富、雨水充沛,适宜植物和动物的生长,同时还是国家商品粮基地之一。

（二）社会经济概况

镇江市是一座产业特色明显、富有生机和活力的新兴工业城市。2009 年全市实现地区生产总值 $1\,672.08$ 亿元,按可比价计算比上年增长 13.70% ；人均地区生产总值 $54\,732$ 元（按常住人口计算）；三次产业结构为 $4.5:58.1:37.3$,第三产业比重比上年提高 0.9 个百分点。2009 年年末全市常住人口 306.9 万人,比上年末增加 2.9 万人。镇江是江苏省省辖市,下辖 4 个区、3个县级市;全市共有镇41个、街道10个。

无锡市是我国经济高度发达地区之一,是长三角国际先进制造业基地。2009年实现地区生产总值4 991.7亿元,按可比价计算较上年增长11.6%;人均地区生产总值81 146元(按常住人口计算);三次产业结构为1.9∶56.8∶41.3。2009年年末全市常住人口619.57万人,比上年增长1.4%。无锡是江苏省省辖市,下辖7个区、2个县级市;全市共有镇32个、街道51个。

常州是江苏省省辖市,下辖5个区、2个县级市;全市共有镇37个、街道20个。常州市2009年全市实现地区生产总值2 518.7亿元,按可比价计算较上年增长11.7%;人均地区生产总值56 861元(按常住人口计算);三次产业结构为3.6∶56.8∶39.6。2009年年末全市常住人口445.2万人,比上年增长1%。

(三)测土配方施肥实施概况

太湖流域耕地单位面积施肥量达到40 kg/亩,为全国平均水平的2.16倍,是造成农业面源污染的主要原因[1]。为了减少污染,目前太湖流域正在推广环境友好型的农业生产新技术,测土配方施肥就是新技术之一。

测土配方施肥技术发源于20世纪80年代,包括测土、配方、施肥、供肥和施肥指导五个环节,即通过土壤测试,摸清土壤肥力状况,遵循作物需肥规律,建立科学施肥体系,提出作物施肥配方,组织企业按方生产,指导农民科学施用[2]。测土配方施肥技术可以均衡土壤养分,提高农作物产量,提高农民收入;还

---

[1] 车晓皓:《太湖流域农户环境友好型新技术采用行为研究》,南京农业大学硕士学位论文,2010年。

[2] 张福锁,马文奇:《测土配方施肥助推粮食增产》,《农民日报》,2009年6月4日。

可以减少污染,实现农业清洁生产,保护农业生态环境,促进农业节能减排。

无锡市 2007 年全面启动测土配方施肥工作,通过推广该技术,全市亩均化肥施用量减少 6.25 kg,节本增效达 6 830.64 万元[①]。常州市自 2005 年开始组织实施测土配方施肥技术,全市测土配方施肥推广面积 2009 年达到 13.02 万 hm²,配方肥施用总量也达到 39 275 t,其中水稻测土配方施肥推广面积占全市水稻面积的 86.5%,施用总量为 18 700 t[②]。自 2005 年始丹阳市就承担实施农业部的测土配方施肥项目,并取得明显的社会、经济和生态效益。

三、样本点分布及抽样方法

本书所使用的农户调查数据是笔者所在课题组于 2008 年 7 月份对镇江、无锡和常州研究区域进行农户调查的结果。调查样本的选取综合应用了分层抽样和随机抽样两种方法。太湖环境问题与农业生产,特别是与化肥施用有密切关系。因此综合农业施肥与农业面源污染状况,课题组确定了两种类型的调查乡镇,即沿湖乡镇和非沿湖乡镇;再通过不同地区乡镇数量和分布情况赋予一定的权重,确定三市的调查乡镇数量;采用随机抽样法确定不同地区的样本镇;根据每个镇 2 个村,每个村 10 个农户的原则确定农户调查总样本数。

本次调查共选取了 16 个乡镇(其中沿湖 11 个、非沿湖 5 个)、32 个村庄、320 户农户进行调查。样本农户的分布情况如表 6-1 所示。

---

① 钱群一,龚克成,徐金益:《无锡实施五大举措,控制使用化肥农药》,《中国农技推广》,2008 年第 11 期。

② 许峰,沈剑,赖清云:《常州市测土配方施肥技术应用与推广》,《上海农业科技》,2010 年第 5 期。

表 6-1　样本农户分布情况

地级市	县级市	乡镇	样本村	样本农户数量
无锡市	宜兴市	徐舍镇*	万圩村、潘家坝	20
		周铁镇*	洋溪村、棠下村	20
		丁蜀镇*	双溪村、南湾村	20
		张渚镇	凤凰村、兴东村	20
		高塍镇	湖头村、徐家桥	20
		月乡镇*	月城村、下塘村	20
	江阴市	雪堰镇*	楼村、黄墅村	20
常州市	武进区	前黄镇*	杨桥村、前进村	20
		礼嘉镇	震生村、园东村	20
		嘉泽镇	闵墅村、窑港村	20
	金坛市	儒林镇*	汤墅村、陈庄村	20
		指前镇*	建春村、芦溪村	20
		上兴镇*	练庄村、毛家村	20
	溧阳市	珥陵镇*	新庄村、扶城村	20
镇江市	丹阳市	访仙镇*	红光村、杨城村	20
		导墅镇	葛家村、留庄村	20
合计	6	16	32	320

注：*指沿湖乡镇。

四、样本特征

根据问卷调查结果，32个样本村中有27个村推广了测土配方施肥技术，共收集257份有效农户问卷。其中，采用测土配方施肥推荐技术的农户有57户，占样本总数的22.2%。从调查结果来看，三个地级市在测土配方施肥技术的采用上存在一定的差异，其中镇江、无锡市农户采用该推荐技术的比例较高，分别为 25.86％、27.43％,常州市所占比例较低,仅为 12.79％。

调查区域的主要种植制度是稻-麦轮作,稻-麦轮作地块占调查总地块的比例达到 78％,因此在农户调查数据基础上分析大田作物是有意义的。农田作物主要施肥类型包括尿素、碳铵和普通复合肥,其中有少量农户采用了测土配方施肥。

采用测土配方施肥技术能显著提高作物增产增收的效果。根据近年来我国测土配方施肥项目县 3 000 多个示范试验结果,测土配方施肥较常规施肥亩均施氮量减少 2 kg 左右,氮肥利用率提高 10％以上;粮食作物亩增长量 30 kg 以上[①]。本书对调查区域主要作物类型水稻在两种不同的施肥技术,即常规施肥技术和推荐施肥技术下,整个生命周期对环境的不同影响进行了对比分析。常规施肥技术(conventional fertilization technology,CFT)特指农户在农业生产中常规投入尿素、碳铵等化肥物资。推荐施肥技术(recommended fertilization technology,RFT)特指农户采用测土配方施肥技术,根据土壤肥力状况及目标产量计算氮、磷、钾投入量。在 CFT 和 RFT 两种农业生产技术下,水稻的养分投入见表 6-2 所示。所有数据均来源于农户调查,并通过化肥折纯进行换算,最终得到各类化肥单位面积投入量。

表 6-2　水稻生产化肥养分投入表

kg/hm²

投入	N	P_2O_5	K_2O	总养分
CFT	388.08	66.88	66.89	521.85
RFT	345.01	50.68	85.78	481.47

数据来源:农户调查数据整理。

---

① 张福锁,马文奇:《测土配方施肥助推粮食增产》,《农民日报》,2009 年 6 月 4 日。

第二节　生命周期评价

生命周期评价作为一种新兴的环境管理工具,不仅能够分析和评价某产品或服务对当前环境的影响,而且可以对产品或服务及其"从摇篮到坟墓"全过程所产生的环境问题进行评价。ISO 14040框架分析将该方法分为四个相互联系的步骤:目的与范围的界定(goal and scope definition)、清单分析(life cycle inventory)、影响评价(life cycle impact assessment)与结果解释(interpretation)。

一、目的与范围的界定

确定研究目的与界定研究范围是进行生命周期评价的第一步,具体包括定义与分析产品系统和系统边界。产品系统包括了从最初的原材料采掘到最终产品利用后的废弃物处理全过程。但是在实践中,由于受数据资料的限制,为了研究的方便与可行性,通常将产品系统划分为一系列相互联系的子系统。另外,在确定研究范围时,需要对产品功能(性能特征)进行明确的定义,即功能单位。功能单位需与所有环境影响相关,并且可量化。功能单位决定了对产品进行分析的尺度,在清单分析过程中需将所搜集数据换算为功能单位。

二、清单分析

清单分析是对产品、工艺或活动在其整个生命周期阶段的资源、能源消耗和向环境排放废气、废水、固体废弃物及其他释放物进行数据量化的过程。清单分析的核心是建立以产品功能单位表达的产品系统的输入和输出数据清单。所投入的所有原材料和能源作为系统输入,而在生命周期过程中所有释放到环境中的物质作为系统输出。清单分析贯穿于产品或服务的整个生命周期,即原材料的获取与生产,产品的加工、制造,产品的使用、重复使用或维护,以及废弃物处理四个阶段,见图 6-1 所示。

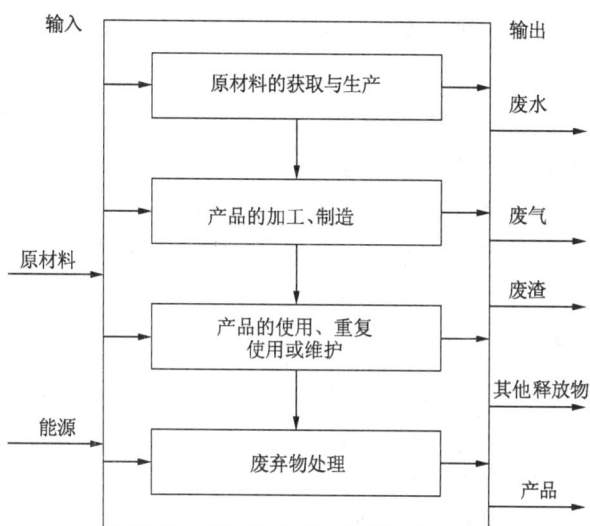

图 6-1　清单分析系统的输入与输出

清单分析也称为盘查,是一种定性描述系统内外物质流和能量流的方法,主要包括以下几个主要方面:数据收集、细化系统边界、计算、数据检验、数据与特定系统的关联和分配。

（一）数据收集的准备

LCA 研究范围确定后,单元过程和有关数据类型也就初步确定了。但是所需要收集的数据范围广泛,因此需要在收集数据前做些准备。首先需要绘制具体的过程流程图,用以描绘所要建立模型的单元过程与它们之间的相互关系;接着详细表述每一个单元过程,并列出与之相关的数据类型;然后编制计量单位清单;最后针对每种数据类型,编写数据收集技术的有关说明,以便数据收集人员了解所要收集的信息。

（二）分配

对产品的输入或输出进行分配通常包括两种情况:共生产品系统和开环再循环利用过程。共生产品系统即两种或两种以上产品同时产出于一个工艺过程或多个相互连接的生产工艺；开环再循环利用指一个产品系统的副产品或产品在消费后被重新收集、处理，然后被另一个系统作为原料再使用。分配实际上是一个对现有生产工艺的物理形式进行的一个主观描述，因此必须根据所做评价的目标来进行，在输入与输出物质平衡的基础上，应尽可能反映产品系统的输入与输出的基本关系和特性。

在分配过程中，需要根据具体问题来决定，但是应遵循 ISO 14040 所规定的分配原则：研究中必须识别与其他产品系统公用的过程，并按所要求的程序加以处理；单元过程中分配前与分配后的输入与输出总和必须相等；如果存在若干个可以采用的分配程序，必须进行敏感性分析，以说明不同方法之间的差异；必须将每个要进行分配的单元过程所采用的分配程序形成文件并加以论证。

在分配过程中，应尽可能避免分配问题的出现，可以通过两个途径来实现：一是通过分析工艺之间的因果关系，将可以分解的工艺继续分解，避免产生虚假的共同工艺；二是扩展系统边界，将系统外的输入与输出纳入所研究的系统，避免产生分配的问题。但是在扩展系统边界时必须与研究目标相一致。

共生产品系统的分配通常采用产品的重量、能量、面积、体积等物理参数进行分配；对某些特定系统还可以采用物质干重、分子量或反应热等作为分配参数，如干重分配方法比较适合于农产品生产系统；在找不到明确的物理分配方法时，也可以采用产品的经济价值进行分配，但不鼓励。开环再循环利用所采用的分配方法目前还不统一，包括对等分配法及比例分配法等，其中 SETAC 提出的对等分配法是实践中应用最普遍的方法。

清单分析可以对所研究产品系统的每一个过程单元的输入与输出进行详细清查，为诊断工艺流程的物流、能流和废物流提供详细的数据支持；同时清单分析也是进行影响评价的基础。

清单分析的结果通常以清单表的形式来展示和说明生产某功能单位产品的输入与输出。

三、影响评价

生命周期环境影响评价就是把清单分析结果(输入/输出)与对环境的影响联系起来,说明不同输入/输出的相对重要性及每个生产阶段对环境影响的大小。影响评价可用于识别改进产品系统的机会并帮助确定其优先排序;对产品系统或其中的单元过程进行特征描述或建立参照基准,通过建立一系列类型参数对产品系统进行相对比较,为决策者提供环境数据或信息支持。目前国际上尚未有统一的生命周期影响评价方法,一般采用定性研究和定量评价,分为特征化、标准化和加权评估三步。

(一)特征化

特征化就是计算清单结果的环境影响潜力的过程。常用的两种方法分别是将清单分析结果所得数据与环境标准或无可观察作用浓度(NOECs)关联起来的"临界目标距离法",以及对污染接触程度和污染效应进行模拟的环境问题"当量因子法"。当量因子法研究不同影响类型的当量因子,例如全球变暖潜值(GWP)、臭氧层耗竭潜值(ODP)等。

因为不同影响因子对同一种环境影响类型的贡献率是不同的,因此国际上通常采用当量因子法进行计算,即以某影响类型中某一影响因子为基准,将其影响潜力视为1;然后根据其他影响因子的相对影响潜力大小即当量系数计算各种影响因子的环境影响潜值;最后进行汇总。目前全球温室效应、富营养化、环境酸化及臭氧层耗竭等环境影响已经建立起了比较统一的当量模型。

能源消耗以热量单位表征;同类污染物通过当量系数转换为参照物的环境影响潜力。温室效应以 CO_2 为参照物转换为全球变暖潜力(以 CO_2 当量表示);环境酸化以 SO_2 为参照物(以 SO_2 当量表示);富营养化以 PO_4^{3-} 为参照物(以 PO_4^{3-} 当量表示）。不同环境影响因子及当量系数见表 6-3。

表 6-3　不同影响因子当量系数表[①]

环境影响类型	排放物	当量系数	环境影响类型	排放物	当量系数	环境影响类型	排放物	当量系数
温室效应[②]	CO_2	1	环境酸化[③]	SO_2	1	富营养化[④]	PO_4^{3-}	1
	CO	2		NH_3	1.88		NO_x	0.13
	CH_4	21		NO_x	0.7		NH_3	0.33
	N_2O	310		SO_x	1		NO_3^-	0.42
							P_{tot}	3.06

产品环境影响潜值指的是产品系统中所有环境排放的总和（包括资源消耗），用式（6-1）计算：

$$EP_j = \sum EP_{ij} = \sum (Q_{ij} \times EF_{ij}) \qquad (6\text{-}1)$$

式（6-1）中，EP_j 指产品系统对 j 种环境影响的贡献；EP_{ij} 指 i 种排放物对 j 种潜在环境影响的贡献；Q_{ij} 指 i 种排放物对 j 种环境影响的排放量；EF_{ij} 指 i 种排放物对 j 种环境影响的当量因子。

（二）标准化

标准化的目的有两个：一是对各种影响类型的相对大小提供一个可比较的标准；二是为进一步的评估提供依据。理论上对于全球性环境影响应采用全球尺度标准，如每年全球变暖潜

---

① 邓南圣，王小兵：《生命周期评价》，化学工业出版社，2003 年。

② 温室效应采用生态学定义，指的是大气中的温室气体通过对长波辐射的吸收而阻止地表热能耗散，从而导致地表温度增高的现象。产生温室效应的温室气体包括 CO_2，CO，CH_4，CFC 及氮氧化物。

③ 环境酸化是大气遭受人为污染形成的酸性降水落到地表后所造成的土壤和水体酸化及环境功能衰退的现象。我国引起环境酸化的主要物质包括 SO_2，NO_x，NH_3。

④ 富营养化采用生态学定义，指的是水体中氮、磷等营养物质的富集及有机物质的作用，造成藻类大量繁殖和死亡，水中溶解氧不断消耗、水质不断恶化、鱼类大量死亡的现象。富营养化主要是由排入水体中的氮、磷及其他有机物，以及大气中的 NO_x，NH_3^- 所造成的。

值;地区性则采用国家或地区响应基准;对于局地性环境影响则应采用国家或某一地区性的响应基准。为了将全球性和地区性及局地性影响在同一水平上进行比较,建立了两种方法:标准人当量标准化方法,标准化后环境影响潜值单位为标准人当量,反映了每一位公民对环境影响的贡献;标准空间当量标准化方法,标准化后环境影响潜值单位为标准空间当量,能够更加鲜明地反映地区或局地的环境负荷。

根据设定的基准,依据式(6-2)对环境影响潜值进行标准化。

$$NEP_j = \frac{EP_j}{ER_j} \qquad (6\text{-}2)$$

式(6-2)中,NEP_j指j种环境影响潜值标准化结果;EP_j指j种环境影响特征化结果;ER_j指选定的基准值。

（三）加权评估

数据标准化表明了潜在影响的相对大小,但是不同影响类型对地区可持续发展的重要程度是不同的,因此需要对影响类型的重要程度进行排序,即赋予不同影响类型不同的权重,进行加权评估。权重确定方法主要有目标距离法、专家组评议法、环境成本评估法和层次分析法[①]。

加权评估可以采用式(6-3)计算:

$$WR = \sum NEP_j \times R_j \qquad (6\text{-}3)$$

式(6-3)中,WR指系统环境影响值;NEP_j指j种环境影响潜值标准化结果;R_j指j种环境影响权重[②]。

四、结果解释

生命周期评价中结果解释的目的,是根据前几个阶段的研究

---

① Pennington D W,Potting J,Finnveden G,et al. Life cycle assessment part 2: current impact assessment practice. Environment International,2004,30.

② 邓南圣,王小兵:《生命周期评价》,化学工业出版社,2003年。

或清单分析的发现,以透明的方式来分析结果、形成结论、解释局限性、提出建议并报告生命周期解释的结果。农业生产涉及范围广泛,因此在形成评估结果之前,需要对清单分析或影响评价阶段得出的结果进行组织,以便发现是否存在重大问题。对评价过程中所需的信息和数据进行检查,保证其完整、准确及来源一致,并对研究结果的可靠性进行检查。对未纳入评价系统的可能存在的影响以及对结果产生的不确定性影响也应做出相应解释。

第三节　实证分析

本书参照 ISO 14040 框架对水稻生产在不同施肥技术下对环境产生的影响进行评价。完整系统的评价框架见图 6-2。

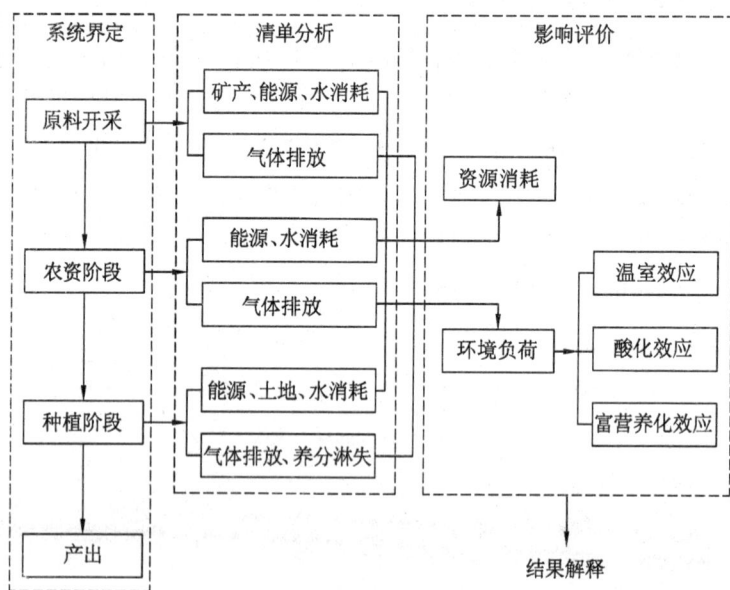

图 6-2　水稻生产生命周期评价框架

一、目的与范围的界定

水稻作物是太湖流域主要作物类型之一,本书以调查区域水稻生产过程中的施肥技术为例,探讨水稻生产过程中采用不同施肥技术对环境的影响,特别分析对温室气体排放的影响。水稻生产完整的系统边界可以界定为:起始边界为矿石能源开采,终止边界为水稻产品和污染物的输出也就是产出,如图 6-3 所示。在本书中笔者仅仅调查了农户层面的生产数据,而且本书的研究目的主要是对比分析不同施肥技术下产生的温室效应,关于化肥生产所需原料获取阶段资源消耗及产生的环境效应与施肥技术相关性不大。因此本书仅考虑农田水稻生产系统中农资阶段化肥的生产与种植阶段化肥的施用两个环节,系统框架示意如图 6-3 所示。两种施肥技术对环境影响的分析与评价以农户调查数据为基础。

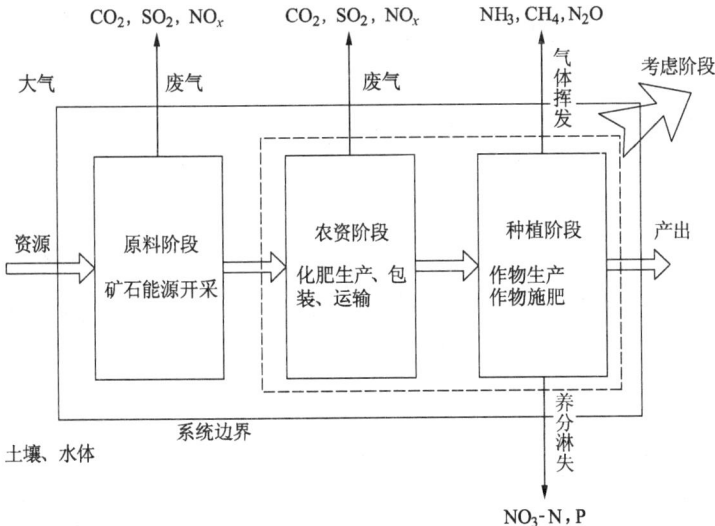

图 6-3　水稻生命周期评价系统边界图

调查区域在不同施肥技术下,农户水稻生产单位面积施肥量(N,P,K折纯)参见表6-2。本书假设农业生产的其他管理措施,如病虫害防治、灌溉等在不同施肥技术条件下是相同的。

本书确定的功能单位是生产1 t水稻,即分析水稻生产生命周期内不同施肥技术下所有物资投入、产出及对环境造成的影响,进而分析不同施肥技术对温室气体排放的影响,为农业生产新技术推广提供依据。

二、清单分析

农业生产系统是一个拥有若干子系统的复杂生产系统,因此在本书中将以子系统为分析单元。本书的研究目的是分析不同施肥技术对温室气体排放的影响,故评价系统中仅考虑与施肥有关的环境影响类型。在化肥生产过程中需要消耗一定量的能源,并且能源消耗是温室气体的排放源,引起温室效应,因此将能源消耗及温室效应环境影响类型纳入评价系统。其他环境负荷方面,综合已有研究成果[①]和所收集数据,主要包括富营养化和环境酸化两个环境影响类型。结合本书研究目的,水稻生产生命周期内系统投入主要考虑化石燃料、化肥等;系统输出主要考虑释放到空气中的引起温室效应、环境酸化的污染气体及排放到水体中的引起富营养化的淋失养分等环境影响物质。不同阶段污染物的排放种类见表6-4。假设其他农田管理措施在不同施肥技术下是相同的,故其他农田管理措施的资源消耗与环境影响未考虑。由于资料缺乏,相关厂房设备、建筑设施、运输工具生产的环境影响未作考虑。

---

① Huijbregts M A J. Normalisation in product life cycle assessment: an LCA of the global and European economic systems in the year 2000. Science of the total environment,2008,390.

表6-4 不同阶段污染物的排放种类表

阶段	气体排放种类	环境负荷类型	影响源
农资阶段	CO_2,CO,NO_x	温室效应	化肥生产
	SO_x	环境酸化	
种植阶段	N_2O,CH_4	温室效应	化肥施用后养分淋失、挥发
	NH_3,NO_3-N,PO_4^{3-}	富营养化	
	NH_3	环境酸化	

　　农资阶段化肥生产对能源的消耗及向空气中污染物的排放系数参考胡志远等[1]的相关研究(见表6-5);作物生育期内,气体挥发及养分淋失见图6-4。

表6-5 化肥生产相关数据

项目	能源消耗/ ($MJ \cdot kg^{-1}$)	排放系数/ ($g \cdot kg^{-1}$)					
		HC	CO	PM_{10}	NO_x	SO_x	CO_2
N	95.8	0.58	4.29	5.2	36.01	32.32	10 366
P_2O_5	21.85	0.08	0.83	0.39	4.75	2.81	1 585
K_2O	9.65	0.04	0.35	0.16	1.99	1.17	662

　　作物生育期内,NH_3的挥发率与氮肥的投入密切相关。本书参考王朝辉等[2]实验测定结果,确定在常规管理措施与推荐管理措施下,NH_3的挥发率分别是氮素投入量的10%和6%。NO_3-N淋失占氮素投入量的2%;氮素径流损失量占施氮量的3%[3]。以上确定的氮素挥发、淋失和径流量系数在有

---

　　① 胡志远,谭丕强,楼狄明,等:《不同原料制备生物柴油生命周期能耗和排放评价》,《农业工程学报》,2006年第11期。

　　② 王朝辉,刘学军,巨晓棠,等:《北方冬小麦夏玉米轮作体系土壤氨挥发的原位测定》,《生态学报》,2002年第3期。

　　③ 梁龙,陈源泉,高旺盛:《两种水稻生产方式的生命周期环境影响评价》,《农业环境科学学报》,2009年第9期。

关学者在太湖流域开展相关研究所得结论范围之内（见表 6-6），因此是可以采用的。氮氧化物流失参数参照 Brentrup 等[①]的研究成果，土壤中挥发的 N_2O 占氮素投入量的 1.25%；同时向空气中挥发 1 kg NH_3 和向水体流失 1 kg NO_3-N，间接挥发 N_2O 分别为 0.01 kg，0.025 kg；NO_x 的挥发系数为 N_2O 的 10%。农田磷素净流失为肥料投入总量的 0.86%[②]。污染物排放情况如表 6-6 所示。

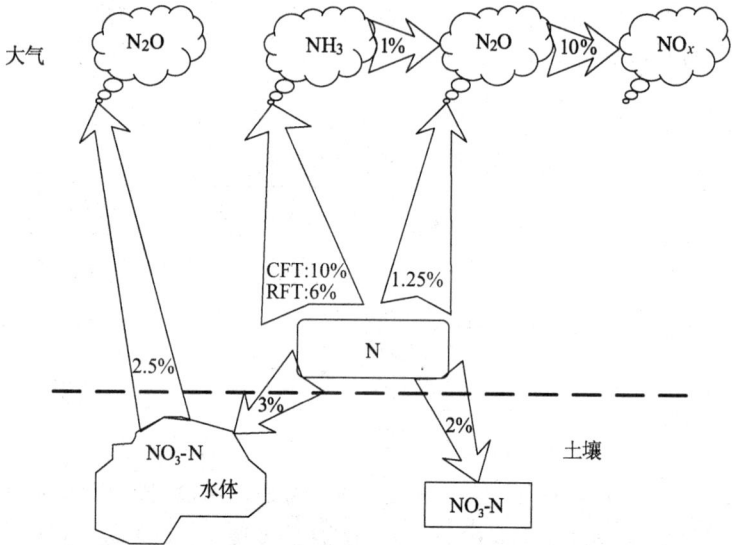

A→B 数值是指 B 排放量占 A 投入/排放量的百分比

图 6-4 种植阶段主要污染物排放图

---

① Brentrup F, Kuster J, Lammel J, et al. Environmental impact assessment of agricultural production systems using the life cycle assessment(LCA) methodology the application to N fertilizer use in winter wheat production system. Europe Agronomy, 2004, 20.

② 纪雄辉, 郑圣先, 刘强, 等: 《施用有机肥对长江中游地区双季稻田磷素径流损失及水稻产量的影响》，《湖南农业大学学报（自然科学版）》，2006 年第 3 期。

表 6-6　污染物排放系数对比表

污染物	排放方式	占氮肥投入量比例/%	来源	本书/%
NH_3	挥发	6.10～20.65	苏成国[①]	10,6
NO_3-N	淋失	1.04～1.93	张刚[②]	2
N	径流	0.30～5.80	田玉华等[③]	3

水稻田是 CH_4 的重要排放源。据 IPCC 估算,全球水稻田 CH_4 的排放量占全球 CH_4 总排放量的 5%～19%[④]。施肥种类、方式等的变化对 CH_4 的排放量有重要影响。本书在种植阶段未考虑稻田系统 CH_4 排放,主要基于以下考虑:已有众多研究证实施用有机肥比等量氮肥能够导致更多的 CH_4 排放;但是化肥施用对其的影响还不确定[⑤],特别是目前还未有研究探讨施用不同养分比例的化肥对 CH_4 排放的影响,因此缺少相应的参数。

在水稻生产周期内,不同施肥技术下物质投入与产出清单见表 6-7。系统输入中,生产 1 t 水稻施行测土配方施肥技术化肥投入量较常规施肥技术减少 0.97 kg,其中氮减少 2.33 kg,磷减少 1.48 kg,钾增加 2.83 kg;同时能源消耗也显著减少了227.74 MJ;CO_2 等气体污染物排放量也都有不同程度的下降。施用氮肥所挥发的 N_2O 气体是主要的温室气体类型,可见采用测土配方施肥技术可有效减弱温室效应。

---

① 苏成国:《太湖地区稻麦轮作下农田的氨挥发损失与大气氮湿沉降的研究》,南京农业大学硕士学位论文,2004 年。

② 张刚:《太湖地区主要类型稻田氮磷面源污染通量的研究》,南京农业大学硕士学位论文,2007 年。

③ 田玉华,尹斌,贺发云,等:《太湖地区稻季的氮素径流损失研究》,《土壤学报》,2007 年第 6 期。

④ IPCC. Climate change 2007: Couplings between changes in the climate system and biogeochemistry. http://ipcc-wgl. ucar. edu/wgl/report/AR4WG1_Ch07. pdf.

⑤ 王明星,李晶,郑循华,等:《稻田甲烷排放及产生、转化、输送机理》,《大气科学》,1998 年第 4 期。

表 6-7　生产 1 t 水稻物质投入/产出清单

施肥技术	系统投入			系统产出		
	物质	数量	单位	物质	数量	单位
CFT	能源	4 525.91	MJ	CO	0.20	kg
	N	44.71	kg	NO_x	1.73	kg
	P_2O_5	7.71	kg	SO_x	1.48	kg
	K_2O	7.71	kg	CO_2	480.77	kg
				NH_3	4.47	kg
				N_2O	0.66	kg
				$NO_3\text{-}N$	2.24	kg
				PO_4^{3-}	0.07	kg
RFT	能源	4 298.17	MJ	CO	0.19	kg
	N	42.38	kg	NO_x	1.64	kg
	P_2O_5	6.23	kg	SO_x	1.40	kg
	K_2O	10.54	kg	CO_2	456.20	kg
				NH_3	2.54	kg
				N_2O	0.61	kg
				$NO_3\text{-}N$	2.12	kg
				PO_4^{3-}	0.05	kg

　　注：表中系统产出只列出了与所考虑环境效应相关的污染物，而碳氢化合物、可吸入颗粒物等未列出。

三、影响评价

　　本书将采用中国科学院生态环境研究中心构建的模型框架对清单分析结果进行影响评价。该框架分为分类、特征化、标准化、加权评估四个技术步骤，如图 6-5 所示，其基本思想是通过评估每一个具体的清单结果对已确定的环境影响类型的贡献度来解释清单分析结果。

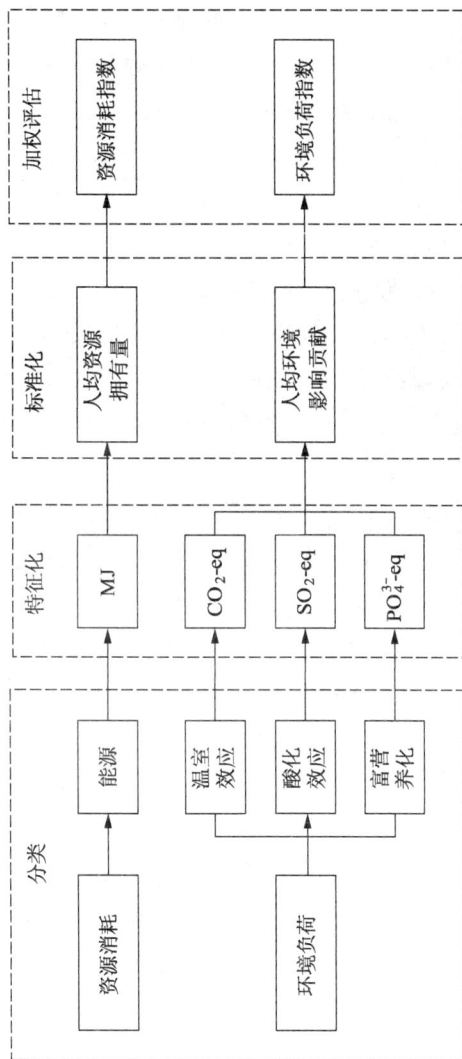

图 6-5 生命周期评价影响评价过程

（一）分类

分类是一个将清单分解结果划分到影响类型的过程。不同环境影响类型受不同环境干扰因子的影响，难以归结为某一因子的单独作用；同时统一干扰因子可能会对不同环境影响类型都有贡献。分类过程中需遵循一个重要假设是：环境干扰因子与环境影响类型之间存在着一种线性关系[1]。

根据物质投入/产出清单结果与环境影响类型之间的关系，对清单结果进行分类。在清单分析结果中，部分排放物，如 CO_2，CH_4，SO_2 等只与一种环境影响类型相关，因此直接将其分类；还有部分排放物，如 NH_3，NO_x 同时可能造成环境酸化和富营养化，两种影响类型之间无关联，属于环境影响的串联机制，因此只需将其分别划归为两种影响类型而不需进行分配。

（二）特征化

利用表 6-3 提供的当量系数，结合式（6-1）计算不同环境影响类型特征化后的潜值，结果见表 6-8。采用测土配方施肥技术产生的环境效应明显低于采用常规施肥技术。本书采用全球变暖潜力衡量水稻生产产生的温室效应。常规施肥技术温室效应主要来自于农资生产阶段，达到 480.77 kg CO_2-eq，占生命周期全球变暖潜力的 70.12%；种植阶段使用氮肥释放的 N_2O 贡献了 29.82%。测土配方施肥技术由于减少了施肥量，同时减少了农资阶段的 CO_2 排放量和种植阶段的 N_2O 排放量，故生命周期内全球变暖潜力由常规施肥的 685.61 kg CO_2-eq 减小到 645.13 kg CO_2-eq。水稻生产产生的环境酸化污染物主要来自 NH_3 挥发。常规施肥技术下，NH_3 挥发贡献率占水稻生命周期环境酸化潜力的 75.79%。测土配方施肥技术下，由于氮素投入量的减少降低了 NH_3 挥发量，因此水稻生产生命周期内环境

① 杨建新：《产品生命周期评价方法及应用》，气象出版社，2002 年。

酸化潜力由 11.09 kg SO_2-eq 降低到 7.33 kg SO_2-eq。富营养化污染物主要来自种植阶段化肥使用后 NH_3 的挥发和 NO_3-N 的淋失。常规施肥技术下,NH_3 挥发产生的富营养化潜力占整个生命周期的 54.54%;而采用测土配方施肥技术可明显降低 NH_3 挥发所占比例至 42.05%,同时生命周期内环境富营养化潜力由 2.71 kg-eq 减少至 2.00 kg-eq。

表 6-8 水稻生产环境影响潜值表

环境影响类型		单位	CFT	RFT	削减率[1]/%
能源		MJ	4 525.91	4298.17	−5.03
养分	N	kg	44.71	42.38	−5.21
	P_2O_5	kg	7.71	6.23	−19.20
	K_2O	kg	7.71	10.55	36.71
温室效应		kg CO_2-eq	685.61	645.13	−5.90
环境酸化		kg SO_2-eq	11.09	7.33	−33.94
富营养化		kg PO_4^{3-}-eq	2.71	2.00	−26.23

注:(1)削减率指采用测土配方施肥技术时物质投入与产出的环境影响与常规施肥技术相比较。

(三)标准化与加权评估

本书采用杨建新[1]建立的 1990 年我国人均基准值进行标准化。标准化基准见表 6-9。

表 6-9 中国标准化基准

环境影响类型	单位	基准值/(人·a^{-1})	基准年	权重
不可再生资源	MJ·a^{-1}	56 877.88	1990 年	0.15
温室效应	kg CO_2-eq	8 700	1990 年	0.12
富营养化	kg PO_4^{3-}-eq	6.21	1990 年	0.12
环境酸化	kg SO_2-eq	36	1990 年	0.14

---

① 杨建新:《产品生命周期评价方法及应用》,气象出版社,2002 年。

以 1990 年中国人均环境影响潜力为基准值,利用式(6-2)对环境影响进行标准化,标准化结果依据专家组评议法确定的权重①(权重值见表 6-9)进行加权评估,从而计算研究区域水稻生产生命周期内不同施肥技术下的环境影响指数。标准化以及加权评估结果见表 6-10。

表 6-10   水稻生产生命周期环境影响指数表

环境影响类型	标准化系数		环境影响指数		削减率/%
	CFT	RFT	CFT	RFT	
能源消耗	0.079 6	0.075 6	0.011 9	0.011 3	−5.04
温室效应	0.078 8	0.074 2	0.009 5	0.008 9	−6.32
环境酸化	0.308 1	0.203 5	0.043 1	0.028 5	−33.87
富营养化	0.435 6	0.321 4	0.052 3	0.038 6	−26.20

研究区域水稻生产采用常规施肥技术下,能源、温室效应、环境酸化和富营养化环境影响指数分别为 0.079 6,0.078 8,0.308 1和0.435 6,即每生产 1 t 水稻产生的能源消耗、温室效应、环境酸化及富营养化潜力分别相当于我国 1990 年人均能源和环境负荷潜值的 7.96%,7.88%,30.81% 和 43.56%。可以看出,在三种潜在的环境影响负荷中,以富营养化效应最为严重,温室效应影响是最小的。这说明研究区域目前水稻生产过程中化肥投入对环境产生最严重的负效应是富营养化,从侧面验证了太湖流域农业生产存在化肥过量投入的情况。虽然产生的温室效应影响不大,但是采用测土配方施肥新技术还可以进一步减弱所产生的温室效应。由表 6-10 可以看出,采用测土配方施肥新技术产生温室效应潜值所占比重为 7.42%,降低了

① 王明新,包永红,吴文良,等:《华北平原冬小麦生命周期环境影响评价》,《农业环境科学学报》,2006 年第 5 期。

0.46%,说明施肥新技术对实现农业节能减排是可以发挥一定作用的。

经过加权评估,采用常规施肥技术与测土配方施肥技术环境影响指数分别为 0.12 和 0.09,表明研究区域典型稻作系统生产 1 t 水稻的环境影响潜力分别是 1990 年中国人均环境影响潜力的 0.12 倍和 0.09 倍。RFT 环境影响指数小于 CFT 指数,说明测土配方施肥技术是能够改善环境的。不同环境影响类型环境影响指数削减率由大到小依次是:环境酸化、富营养化、温室效应、能源消耗。虽然降低幅度不大(6.32%),但是测土配方施肥新技术对减弱温室效应发挥了一定的正向作用。因此目前通过大力推广和使用测土配方施肥这一环境友好型新技术来帮助减缓温室效应是可行的。

四、结果解释

通过对资源消耗和环境效应进行分析,可以看出 CO_2 等温室气体的排放主要发生在农资生产阶段,因此,一方面工业生产过程中必须实施清洁生产;另一方面农业生产过程中也应减少化肥的过量使用,特别是氮肥的过量投入,以实现农业节能减排。污染物排放影响最大的环境影响类型是富营养化,主要来自于种植阶段化肥施用引起的 NH_3 挥发(NH_3 环境酸化当量系数较大),同时 NH_3 也是导致环境酸化的重要污染物。因此,一方面应通过控制化肥投入量,提高化肥利用率;另一方面通过采用新技术降低 NH_3 挥发量是降低水稻生产产生环境负荷的重要措施。

通过对比分析不同施肥技术下水稻生产资源消耗和产生的环境效应,可以看出测土配方施肥技术针对土壤肥力状况进行科学施肥,一方面能够提高化肥利用率,降低化肥的施用量,从而间接减少化肥生产过程中对能源的消耗;另一方面还能降低水稻生产对环境造成的污染。因此加大环境友好型新技术的推广和采用,可以为农业节能减排提供一条选择路径,从而帮助实现粮食生产和环境保护的协调发展。

第四节 本章小结

一、研究结论

生命周期评价方法已成为国家环境管理和产品设计的重要支持工具,在工业领域发展较成熟,研究成果较多。国外将该方法引入农业领域,并做了大量尝试性的研究,但是在我国农业领域开展的研究较少。本书借鉴国内外研究成果,采用该方法分析了我国太湖流域水稻生产在两种不同施肥技术下生命周期资源消耗和污染物排放清单,并以我国 1990 年人均环境影响潜力为基准,通过赋予不同影响效应一定的权重,对水稻生产从农资生产阶段到种植阶段的生命周期进行了环境影响评价。结果表明,与常规施肥技术相比,生产 1 t 水稻,采用测土配方施肥技术能够通过减少氮肥施用量大幅度降低水稻生命周期能源消耗和环境影响负效应,分别能够减缓温室效应 6.32%、环境酸化效应 33.87%、富营养化效应 26.20%。因此应该通过各种途径来加强对该技术的推广和使用,这对帮助实现农业节能减排、减少环境污染是有重要意义的。

二、讨论

关于农业生产的生命周期评价还处于探索阶段,特别是在农业领域,因此在研究过程中还存在诸多不足,主要表现在:第一,关于不同阶段资源消耗和污染物排放系数多是引用他人研究成果,由于存在地区差异,所以研究结果可能会产生一定的偏差;第二,在农业生产系统中,农药的过度使用也对环境造成了严重的污染,是水稻生命周期内重要的环境影响类型,但是由于农户调查数据缺失较严重而未作考虑;第三,评价基准采用我国

1990 年人均环境影响潜力,距离现在时间较久,需要重新制定符合当前情况的新的评价基准,以提高评价结果的精确性和适用性;第四,农业生产生命周期复杂,包括原料开采、物资生产、农业使用、产品收获及污染物排放等子系统。鉴于本章的研究目的,只是借鉴该方法对比分析不同施肥技术对温室气体排放的影响,因此只考虑了化肥农资生产阶段和作物种植阶段,生命周期不够完整;另外农业生产污染物排放造成的环境影响类型众多,本书仅考虑了与施肥技术相关的类型,其他类型暂未考虑。

第七章 主要结论与政策建议

全球气候变化是人类面临的一个严峻挑战,温室气体减排已逐渐成为全人类发展的责任和共识。作为负责任的大国,我国大力倡导发展低碳经济。能源大量消耗和土地利用变化是造成碳排放量增加的主要人为活动。本书以土地利用类型转换、土地利用结构调整及土地利用技术选择为切入点,分别从宏观、中观和微观三个层次探讨了土地利用变化对碳排放的影响,并在此基础上分析了如何通过调整土地利用变化实现碳减排,为我国今后走低碳经济发展道路提供选择路径。

第一节 主要结论

一、宏观层面——土地非农化碳排放效应研究结论

(一)土地非农化碳排放时空规律变化特征

本书基于能源消费的角度,通过将能源消耗行业类型与土地利用类型相对应,采用 IPCC 推荐方法,对土地碳排放量进行了核算。从碳排放总量来看,2002—2008 年我国土地利用碳排放总量增加了 0.5 Gt,其中居民点及工矿用地碳排放量最多,占排放总量的 85.36%;交通用地碳排放量增长速度最快,年均增长 13.09%。土地非农化导致土地利用碳强度总体呈增加趋势,其中交通用地碳强度最高,平均值达到 37.51 t/hm²;从终端化石能源消耗角度考虑,我国土地非农化碳排放并未造成生态赤字,但生态盈余数量在不断减小,并且三种土地利用类型碳

足迹以年均 7.58％的增速不断增长,我国面临的生态环境压力不断增强。

不同地区各地类的碳排放总量、碳强度及碳足迹差异较大。中东部地区是我国土地非农化的集中区域,同时集中了居民点及工矿用地、交通用地碳排放量和碳强度较大的省份,特别是上海市,其不同地类的碳强度远远大于全国平均值。农用地及水利设施用地碳排放量较大地区主要集中在农业大省和经济较发达省份,而碳强度较大地区仅集中于经济较发达地区。不同地类的碳足迹存在地区差异,农用地及水利设施用地碳足迹呈现从西部向中部、东部逐渐减小的趋势;居民点及工矿用地呈现从东部向西部逐渐减小的趋势;交通用地未呈现明显的变化趋势。总体上看,从终端能源消费碳排放角度考虑,我国东部地区省份生态赤字较大,而西部地区部分省份则出现生态盈余。

（二）土地非农化碳排放与经济增长关系

本书利用面板数据,采用协整理论分析土地碳排放与经济增长之间是否存在长期均衡关系。采用 Eviews 6.0 进行检验,检验结果显示地均碳排放与人均 GDP 两序列都为一阶单整序列。继续对两序列进行异质面板数据协整检验,结果表明两变量之间存在长期协整关系。在以上检验基础上,进一步采用 Granger 因果关系检验法检验两变量之间是否存在因果关系,检验结果表明两变量在长期和短期内仅存在土地碳排放是经济增长的 Granger 原因,反之则不成立,即两变量之间仅存在单向因果关系。

本书采用对数均值指数分解法(LMDI)将经济增长分解为规模效应(土地产出效应、土地规模效应)、结构效应(能源结构效应、产业结构效应)与技术效应(能源强度效应)三大效应类型(排放因子效应假定不变,故忽略)。研究结果表明结构效应中的能源结构效应、规模效应(包括土地产出效应、土地规模效应)

的累积效应对碳排放表现为正效应,而技术效应(能源强度效应)及结构效应中的产业结构累积效应对碳排放表现为负效应;不同效应累积贡献率绝对值由大到小依次为:土地产出效应、能源强度效应、产业结构效应、能源结构效应、土地规模效应。因此在以不牺牲经济增长为代价的前提下,通过提高能源利用效率、优化调整产业结构等措施来减缓我国以煤为主的不合理的能源消费结构和土地非农化引起的规模效应所造成的土地碳排放量的不断增加是切实可行的。

不同地类碳排放主要影响效应类型是不同的,其中能源强度累积效应是农用地碳排放主要贡献效应,土地产出累积效应是建设用地和交通用地碳排放主要贡献效应类型。不同效应类型对不同地类碳排放作用方向并不完全一致,其中能源结构效应对交通用地呈负效应,对农用地和居民点用地呈波动变化;土地规模效应对农用地呈负效应,对两类建设用地呈正效应;能源强度效应与土地产出效应对不同地类作用方向一致,分别呈负效应和正效应。

二、中观层面——土地利用结构调整碳排放效应研究结论

(一)建设用地产业结构调整对碳强度的影响

本书综合产业结构调整和建设用地碳强度变化特征,选择了北京市、湖北省和贵州省作为研究区域,通过产业结构调整间接分析建设用地结构调整对碳强度的贡献。通过继续采用 LMDI 指数分解法将建设用地碳强度变化影响因素分为不同产业碳强度效应和产业结构调整效应。研究结果表明两个效应在不同研究区域作用方向不同,在北京市均呈负效应,在贵州省均呈正效应,产业强度效应和产业结构调整效应在湖北省分别呈正效应和负效应。

影响北京市建设用地碳强度的主要效应是第二产业碳强度,其次是第二产业、第三产业结构,表明对于北京这类产业结构优化较先进的地区,产业结构调整对降低建设用地碳强度的

贡献是小于第二产业碳强度贡献的,但是第二产业比重降低的贡献也是不可忽略的。对于湖北省这类产业结构优化速度较缓慢、承接产业转移的地区来讲,其产业结构优化对减缓建设用地碳强度的贡献不足以抵消第二产业造成的建设用地碳强度的增加,因此在承接产业转移过程中更需要注重不同产业能源利用效率的提高。对于贵州省这类承接产业转移、产业结构处于波动变化中的地区来讲,产业强度的贡献是大于产业结构调整贡献的,但是产业结构效应的作用也不可忽略,说明在承接产业转移过程中,降低不同产业碳强度和优化产业结构对降低该地区建设用地碳强度具有几乎同等重要的地位。

(二)农用地种植业结构调整对碳净吸收的影响

利用我国农业生产统计数据,估算了我国农田系统碳净吸收变化,采用重心模型分析了农田系统碳净吸收的空间变化特征。研究结果表明:我国农田系统碳净吸收是呈波动增加趋势的,其中以粮食作物净吸收所占比重为主;东南区与蒙新区是农田系统碳净吸收比重下降和增加速度最快的地区,而西南区已逐渐成为我国农田系统碳净吸收的主要贡献区。碳净吸收重心偏离我国几何中心,其中坐标经度值减小较快,纬度值波动增加,落实到地理区域上重心总体呈向西北方向移动的趋势。

本书进一步采用C-D生产函数模型分析了种植业结构调整对我国不同区域农田系统碳净吸收变化的贡献。研究结果表明:影响我国农田系统碳净吸收的首要因素是常规投入,但种植结构是控制变量中的重要因素;种植结构因素对不同区域碳净吸收贡献方向与贡献率不同,对除东北区和长江中下游区以外其他六区域碳净吸收的影响较显著。虽然粮食作物播种面积所占比重的不断下降对农田系统碳净吸收产生了较显著的负效应,但是目前在我国大多数区域,其对碳净吸收的负效应还不足以抵消常规投入(如化肥)产生的正效应。

三、微观层面——土地利用技术变化碳排放效应研究结论

本书引入产业生态学评价方法——生命周期评价方法,对太湖流域水稻生产采用不同施肥技术(常规施肥技术、测土配方施肥技术)对资源消耗和环境负荷的影响进行了分析。研究结果表明:与常规施肥技术相比,由于采用测土配方施肥技术能够使单位面积养分投入量减少 $40.38\ kg/hm^2$,从而生产 1 t 水稻能够使能源消耗减少 $227.74\ MJ$,全球变暖潜力减少 $40.48\ kg$ $CO_2\text{-eq}$;养分投入的减少,使环境酸化潜力减少 $3.76\ kg$ $SO_2\text{-eq}$,富营养化潜力减少 $0.71\ kg\text{-eq}$。经过进一步标准化和加权评估后发现:采用测土配方施肥技术能够使水稻生产过程中产生的温室效应指数降低 6.32%。虽然幅度不大,但是该技术对减弱温室效应发挥了一定的作用,促进了农业生产的节能减排;采用测土配方施肥技术将环境影响综合指数由 0.12 减小到 0.09,说明采用该技术一定程度上是能够改善环境的。

第二节 政策建议

基于以上研究结论,本书提出以下三点政策建议,以期通过土地利用政策的调整为节能减排、发展低碳经济提供有益的参考。

一、合理控制土地非农化数量,有效提高能源利用效率

土地非农化是世界性的普遍现象,是经济社会发展过程中的必经阶段。我国土地非农化变化趋势与经济发展周期大致相同,说明目前土地非农化是我国经济发展的一种代价性损失[①]。土地非农化一方面促进了经济的发展,另一方面对生态环境造成了一定的影响。从能源消费角度考虑,建设用地是重要的碳源,因此土地非农化将造成碳排放量的大幅度增加。在未来较

---

① 陈江龙:《经济快速增长阶段农地非农化问题研究》,南京农业大学博士学位论文,2003 年。

长时期内,我国经济仍将以较快速度增长,能源消耗的刚性需求也将持续增加。因此在以不牺牲经济增长为代价的前提下,从合理控制土地非农化数量、提高能源利用效率入手是实现碳减排的一条选择路径。

本书第四章的研究结论可以提供两条政策启示:第一,短期内经济增长不是土地碳排放增加的 Granger 原因暗含的启示是:我国继续大力发展经济,在提高能源利用效率、调整优化产业结构、减小碳强度的基础上,并不会导致碳排放量的大量增加,因此节能减排相关政策的制定是关键。第二,能源强度效应对碳排放呈负效应提供的政策启示是技术效应对减缓碳排放的作用很关键,可以通过改革能源价格,将环境成本和资源稀缺成本内部化;通过建立透明的价格形成机制,引导能源的合理消费来提高能源利用效率,从而提高利用技术。

二、优化调整土地利用结构,减小碳强度,增加碳吸收

产业结构对建设用地碳强度有重要影响。第二产业用地,特别是工业用地是能源消耗的"大户";第三产业用地耗能相对较少,因此"退二进三"的产业结构调整战略成为地方政府实现节能减排目标所选择的路径。研究结论表明产业碳强度是建设用地碳强度的主要影响因素,产业结构调整在不同区域发挥的作用不同,提供的政策启示是:在实施"退二进三"发展战略过程中,不同地区自身产业发展及在产业转移过程中承担角色的不同决定了不同地区的侧重点不同,不能仅依靠产业结构调整,更应侧重于降低建设用地碳强度。产业转移区应侧重降低产业碳强度,特别是第二产业碳强度;产业承接区应侧重提高产业准入门槛,并淘汰落后的高耗能、高污染、高排放产业,一定程度上提高产业的清洁生产水平。

农用地种植业结构调整对农田系统碳净吸收有重要影响。虽然粮食作物播种面积所占比例的不断下降会导致农田系统碳

净吸收水平的下降,但是还不足以抵消农业常规投入对其产生的正效应。以上研究结论提供的政策启示包括:第一,在不影响粮食安全的前提下,通过加大经济作物的种植比例,提高农业产出,增加农民收入,从农田系统碳吸收的角度考虑在一定程度上是可行的;第二,耕地资源不断减少且较稀缺的农业生产区域,可以通过提高农业生产技术和管理水平来提高作物碳吸收量,如实行农林复合种植模式、实行少耕免耕的耕作方式等。

三、提高土地利用技术,减缓温室效应

农业生产新技术对农业产出和碳排放有重要影响。环境友好型农业生产新技术之一——测土配方施肥技术不仅能够提高作物产量,而且能够提高化肥利用率,降低化肥施用量,从而直接或间接减少温室气体排放量,还能够减小对环境产生的负影响。以上研究结论提供的政策启示是:农业生产过程中,测土配方施肥技术可以为实现农业节能减排提供一条选择路径,应该加强推广和使用。暗含的政策启示是:一方面从行政管理入手,制定农业减排目标,建立农业减排评价体系,逐步推进农业节能减排的发展;另一方面,从政策引导入手,通过制定相关经济政策,形成农业减排的激励机制,促进农业减排的快速发展;第三,政府对农业生产土地利用新技术的支持力度应该不断加大,用以扩展农业减排的空间。

参 考 文 献

[1] Franzluebbers A G, Hons F M, Zuberer D A. Tillage-induced seasonal changes in soil physical properties affecting soil CO_2 evolution under intensive cropping. Soil Tillage & Research, 1995, 34.

[2] Ang B W, Choi K. Decomposition of aggregate energy and gas emission intensities for industry: a refined Divisia Index Method. Energy Journal, 1997, 18(3).

[3] Ang B W, Zhang F Q, Choi K H. Factoring changes in energy and environmental indicators through decomposition. Energy, 1998, 23(6).

[4] Beckerman W. Economic growth and the environment: whose growth? Whose environment? World Development, 1992, 20.

[5] Bouwman A F. Complication of a global inventory of emissions of nitrous oxide. Landbouwuniversiteit, 1995.

[6] Jorg B. "The local power of some unit root tests for panel data" in B. Baltagi(ed). Advances in Econometrics, 15: Nonstationary Panels, Panel Cointegration, and Dynamic Panels, Amsterdam: JAI Press, 2000.

[7] Brentrup F. Environmental impact assesment of agricultural production systems using the life cycle assessment methodology 1: theoretical concept of a LCA method

tailored to crop production. European Journal of Agrono-my,2004,20.

[8] Brentrup F,Kuster J,Lammel J,et al. Environmental impact assessment of agricultural production systems using the life cycle assessment(LCA) methodology the application to N fertilizer use in winter wheat production system. Europe Agronomy,2004,20.

[9] Bruce C B,Albert S,John P P. Fields N_2O,CO_2 and CH_4 fluxes in relation to tillage,compaction and soil quality in Scotland. Soil Tillage&Research,1999,53.

[10] Cai Zucong,Kang Guoding,Tsuruta H,et al. Estimate of CH_4 emission from year-round flooded rice field during rice growing season in China. Pedosphere,2005,15(1).

[11] Campbell C A,McConkey B G,Zentner R P,et al. Long-term effects of tillage and rotations on soil organic C and total N in a lay soil in southwestern Saskatchewan. Can J Soil Sci,1996,76.

[12] Cox P M,Betts R A,Jones C D,et al. Accelation of global warming due to carbon-cycle feedbacks in a coupled climate model. Nature,2000,408.

[13] DeFries R S,Field C B,Fung I,et al. Combining satellite data and biogeochemical models to estimate global effects of human-induced land cover change on carbon emissions and primary productivity. Glob Biogeochem Cycle,1999, 13(3).

[14] Denier van der HAC,Neue H U. Influence of organic matter incorporation on the methane emission from a wetland ricefield. Glob Biogeochem Cycle,1995,9.

[15] Department of trade and industry (DIT). UK energy white paper: our energy future-creating a low economy. TSO,2003.

[16] Detwiler R P. Land use change and the global carbon cycle: The role of tropical soils. Biogeochemistry, 1986,2.

[17] Detwiler R P, Hall C A. Tropical forest and the global cycles. Science,1988,239.

[18] Dinda S. Environmental Kuznets Curve Hypothesis: a survey. Ecological Economics,2004,49(4).

[19] Elisabetta Magnani. The Environmental Kuznets Curve: development path or policy result? Environmental Modelling & Software,2001,16(2).

[20] Energetics. The reality of carbon neutrality. http://www. energetics. com. au/file? node_id=21228,2007.

[21] Esser G. Modelling global terrestrial sources and sinks of carbon dioxide with special reference to soil organic matter. In: Bouwman A Fed. Soils and the Greenhouse Effect. Chichester: John Wiley&Sons, 1990.

[22] ETAP. The carbon trust helps UK businesses reduce their environmental impact, press release. http://ec. europa. eu/environment/etap/pdfs/jan07 carbon trust initiative. pdf. 2007.

[23] Brentrup F, Sters J K, Kuhlmann H, et al. Application of the life cycle assessment methodology to agricultural production: an example of sugar beet production with different forms of nitrogen fertilisers. European Journal of Agronomy,2001,14(3).

[24] Fan Y,Liang Q M,Okada N. A model for China's energy requirements and CO$_2$ emission analysis. Environmental Modelling&Software,2007,22(3).

[25] Fan Ying,Liu Lancui,Wu Gang,et al. Changes in carbon intensity in China: empirical findings from 1980—2003. Ecological Economics,2007,62.

[26] Fatma Taskin, Osman Zaim. The role of international trade on environmental efficiency: a DEA approach. Economic Modelling,2001,18(1).

[27] Fisher Vanden K, Jefferson G H,et al. What is driving China's decline in energy intensity? Resource and Energy Economics,2004,26(1).

[28] Galeotti M,Lanza A,Pauli F. Reassessing the Environmental Kuznets Curve for CO$_2$ emissions: a robustness exercise. Ecological Economics,2006,57.

[29] Gebhart D L. The CRP increases in soil organic carbon. Journal of Soil and Water Convertion,1994,49.

[30] Grossman G M, Krueger. A B Economic growth and the environment. Quarterly Journal of Economics,1995,110.

[31] Global Footprint Network. Ecological footprint glossary. http://www. footprint network. org/gfn_sub. php? content=glossary. 2007.

[32] Grossman G, Krueger A. Environmental impacts of the North American Free Trade Aggrement. NBER working paper,1991.

[33] Hammond G. Time to give due weight to the carbon footprint issue. Nature,2007,445(7125).

[34] Hardi,Kaddour. Testing for stationarity in heterogene-

ous panel data. Econometric Journal,2000,3.

[35] Harris R D,Tzavalias F E. Inference for unit roots in dynamic panels where the time dimension is fixed. Journal of Econometrics,1999,91.

[36] Holtz-Eakin D, Selden T M. Stoking the Fires? CO_2 emissions and economic growth. Journal of Public Economics,1995,57.

[37] Houghton R A. Releases of carbon to the atmosphere from degradation of forests in tropical Asia. Can J For Res,1991,21.

[38] Houghton R A. The annual net flux of carbon to the atmosphere from changes in land use 1850～1990. Tellus, 1999,51B.

[39] Houghton R A,Hackler J L. Emissions of carbon forestry and land-use change in tropical Asia. Global Change Biol, 1999,5.

[40] Houghton R A,Hobble J E,Mwllillo J M,et al. Changes in the carbon content of terrestrial biota and soils between 1860 and 1980: a net release of CO_2 to the atmosphere. Ecological Monography,1983,53(3).

[41] Huijbregts M A J. Normalisation in product life cycle assessment: an LCA of the global and European economic systems in the year 2000. Science of the total environment,2008,390.

[42] IGBP Secretariat. GLP (2005) science plan and implementation strategy. IGBP Report NO. 53/IHDP Report No. 19,2005.

[43] IGBP Terrestrial Carbon Working Group. The terrestrial

carbon cycle: implications for the Kyoto Protocal. Science,1998(280).

[44] Im K S,Pesaran M H,Shin Y. Testing for unite roots in heterogeneous panels. Journal of Econometrics,2003,115.

[45] Imai Hiroyuki. The effect of Urbanization on energy consumption. Journal of Monetary Economics,1997(2).

[46] IPCC. Climate change 2001: The scientific basis. In: Houghton J T,Ding Y,Griggs D J,et al. Contribution of Working Group I to the Third Assesment Report of the Intergovernmental Panel on Climate Change. Cambridge University Press,2001.

[47] IPCC. Climate change 2007: Couplings between changes in the climate system and biogeochemistry. http://ipcc-wgl. ucar. edu/wgl/report/AR4WG1_Ch07. pdf.

[48] IPCC. Land-use,land change and forestry. In: Watson R T,Noble I R, Bolin B, et al. A special Report of the IPCC. Cambridge University Press,2000.

[49] IPCC/OECD. IPCC guidelines for national greenhouse gas inventories//Eggleston H S,Buendia L,Miwa K,et al. Prepared by the National Greenhouse Gas Inventories Programme. Japan,IGES,2006.

[50] Janzen H H,Campbell C A,Ellert B H,et al. Management effects on soil C storage in the Canadian prairies. Soil Tillage Res,1998,47.

[51] Jener L M,Carlos C C,Jerry M M,et al. Soil carbon stocks of the Brazilian Amazon Basion. Soil Sci Soc Am J,1995,59.

[52] Meller J W. The economics of agricultural development.

Cornell University Press,1966.

[53] Jones S K,Rees R M,Skiba U M,et al. Greenhouse gas emissions from a managed grassland. Global and Planetary Change,2005,47(2—4).

[54] Jonhson C E,Jonhson A H,Huntington T G. Whol-tree clear-cutting effects on soil horizons and organic matter pools. Soil Science Society of America Journal,1991,55.

[55] Jordi Roca,Emilio Padilla,Mariona Farre,et al. Economic growth and atmospheric pollution in Spain: discussing the Environmental Kuznets Curve hypothesis. Ecological Economics,2001,39(1).

[56] JRC E C. Carbon footprint: what it is and how to measure it. European Commission,2007.

[57] Keller M,Jacob D J,Wosfy S C,et al. Effects of tropical deforestation on global and regional atmospheric chemistry. Climate Change,1991,19.

[58] Lal R. Carbon emission from farm operations. Environment International,2004,30.

[59] Lal R,Griffin M,Apt J. Managing soil carbon. Science,2004,304(4).

[60] Lambin E F,Baulies X,Bockstael N,et al. Land-use and land-cover change(LUCC)-implementation strategy. IGBP Report 48 & IHDP Report 10. IGBP: Stockholm,1999.

[61] Lanier Nalley,Mike Popp,Corey Fortin. How a cap-and trade policy of green house gases could alter the face of agriculture in the South: a spatial and production level analysis. The Southern Agricultural Economics Association Annual Meeting,2010.

[62] Lantz V, Feng Q. Assessing income, population, and tech-nology impacts on CO_2 emissions in Canada, where is the EKC? Ecological Economics, 2006, 57.

[63] Levin A, Lin C F, Chu C. Unit root tests in panel data: asymptotic and finite-sample lewis, properties. Journal of Econometrics, 2002, 108.

[64] Maddala G, Wu S S. A comparative study of unite root tests with panel data and a new simple test. Oxford Bulletin of Econometrics and Statistics, 1999, 61.

[65] Magnus Lindmark. An EKC pattern in historical perspective: carbon dioxide emissions, techonology, fuel prices and growth in Sweden (1870—1997). Ecological Economics, 2002, 42(2).

[66] Markus Pasche. Technical progress, structural change, and the environmental Kuznets curve. Ecological Economics, 2002, 42(2).

[67] Martin Wagner. The carbon Kuznets Curve: a cloudy picture emitted by bad economics? Resources and Energy Economics, 2008, 30.

[68] Matthew A, Cole. Trade, the pollution haven hypothesis and the Environmental Kuznets Curve: examining the linkages. Ecological Economics, 2004, 48(1).

[69] McGuire A D, Sitch S, Clein J S, et al. Carbon balance of the terrestrial biosphere in the twentieth century: analyses of CO_2, climate and land use effects with four process-based ecosystem models. Global Biogeochem Cycle, 2001, 15(1).

[70] Meadows D H, Meadows D L, Randers J, et al. The li-

mits to growth. Universe Books,1972.

[71] Meyer W B,Turner Ⅱ B L. Changes in land use and land cover: a global perspective. Cambridge University Press, 1994.

[72] Todaro M F. Economic development in the third world (Third edition). Longman Inc,1985.

[73] Murty D,Kirschbaum M F,Mcmurtrie R E, et al. Does conversion of forest to agricultural land change soil carbon and nitrogen? A review of the literature. Global Change Biology,2002,8.

[74] Nalley L,Popp M,Fortin C. How a Cap-and-Trade policy of green house gases could alter the face of agriculture in the South: A spatial and production level analysis// Southern Agricultural Economics Association Annual Meeting,Orlando,2010.

[75] Nohrstedt H A,Arnebrant K,Baath E,et al. Changes in carbon content,respiration rate,ATP content,and microbial biomass in nitrogen fertilized pine forest soils in Sweden. Can J For Res,1989,19.

[76] Pacala S W, Hurtt G C,Baker D, et al. Consistent land and atmosphere-based US. Carbon sink estimate. Science, 2001,292(5525).

[77] Panayotou T. Empirical tests and policy analysis of environmental degradation at different stages of economic development. Technology and Employment Programme working paper,1993.

[78] Panayotou T,Sachs J,Peterson A. Developing countries and the control of climate change: a theoretical perspec-

tive and policy implications. CAER Ⅱ Discussion Paper, 1999,No. 44.

[79] Pedroni P. Critical values for cointegration tests in heterogeneous panels with multiple regressors. Oxford Bulletin of Economics and Statistics,1999,61.

[80] Pennington D W,Potting J,Finnveden G,et al. Life cycle assessment part 2: current impact assessment practice. Environment International,2004,30.

[81] Post W M,Kwon K C. Soil carbon sequestration and land-use change: Processes and potential. Global Change Biol,2000,6.

[82] Lal R. Carbon emission from farm operations. Environment International,2004,30.

[83] Charles R, Jollieot, Gaillard G, et al. Environmental analysis of intensity level in wheat crop production using life cycle assessment. Agriculture Ecosystems and Environment,2006,113.

[84] Ramakrishnan Ramanathan. A multi-factor efficiency perspective to the relationships among world GDP,energy consumption and carbon dioxide emissions. Technological Forecasting & Social Change,2006,73.

[85] Rebitzera G J,Kusters H,Kuhlmann,et al. Life cycle assessment part 1: framework,goal and scope definition, inventory analysis,and application. Environment International,2004,30.

[86] Rees W E. Ecological footprints and appropriated carrying capacity: what urban economics leaves out? Environment and Urbanization,1992,4(2).

[87] Rhoades C C. Soil carbon differences among forest, agriculture, and secondary vegetation in lower Montane Ecuador. Ecological Applications, 2000, 10(2).

[88] Richard D. Chronic nitrogen additions reduce total soil respiration and microbial respiration in temperate forest soils at the Havard Forest Bowden. Forest Ecology and Management, 2004, 196.

[89] Richard G N, Adam B J, Robert N S. The induced innovation hypothesis and energy-saving technological change. The Quarterly Journal of Economics, 1999, 3.

[90] Roldan Muradian, Joan Martinez, Alier. Trade and the environment: from a "southern" perspective. Ecological Economics, 2001, 36(2).

[91] Sadullah C, Seda U. Comparison of simple sum and divisia monetary aggregates using panel data analysis. International Journal of Social Sciences and Humanity Studies, 2009, 1(1).

[92] Schiffman P M, Johnson W C. Phytomass and detrital storage during forest regrowth in the southeastern United States Piedmont. Can J For Res, 1990, 19.

[93] Scholes R J, Noble I R. Storing carbon on land. Science, 2001, 29(2).

[94] Fan Shenggen, Philip G P. Research, productivity and output growth in Chinese agriculture. Journal of Development Economics, 1997, 53.

[95] Skukla J. Amazonian deforestation and climate change. Science, 1990, 247.

[96] Stern D I. The rise and fall of the Environmental Kuznets

Curve. World Development,2004,32.

[97] Stuiver M. Atmospheric carbon dioxide and carbon reservoir change. Science,1978,4326.

[98] Sun J W. The nature of CO_2 emission Kuznets curve. Energy Policy,1999,27(12).

[99] Turner B L Ⅱ,Skole Fisher D G,et al. Land-use and land-cover change: science/research plan. IGBP Report No. 35 and IHDP Report No. 7. Stockholm and Geneva,1995.

[100] Turner B L Ⅱ,Skole D,Sanderson S,et al. Land use and cover change. 地学前缘,1997,4(1-2).

[101] Turner B L Ⅱ,Lambin E F,Reenberg A. The emergence of land change science for global environmental change and sustainability. PNAS,2007,104(52).

[102] Turner B L Ⅱ,Meyer W B,Skole D L. Global land-use/land-cover change: towards an integrated program of study. Ambio,1994,23(1).

[103] Ugur Soytas,Ramazan Sari,Bradley T. Ewing. Energy consumption,income,and carbon emissions in the United States. Ecological Economics,2007,62.

[104] UN Doc. Compilation of Resource from Parties on issues related to sinks. FCCC/AGBM/1997/INF. 2. , 1997,11.

[105] Vitousek P M,Mooney H A,Lubchenco J,et al. Human domination of earth's ecosystems. Science,1997,277(25).

[106] Wackernagel M,Rees W E. Our ecological footprint reducing human impact on the earth. Gabriola Island, BC: New Society Publishers,1996.

[107] Wackernagel M,Rees W E. Perceptual and structural

barriers to investing in natural capital econo-mics from an ecological footprint perspective. Ecological Economics,1997,20(1).

[108] Wackernagel M,Schulz N B,Deumling D,et al. Tracking the ecological overshoot of the human economy. PNAS(proceedings of the National Academy of Sciences of the United States of America), Washington, DC, USA,2002,99(14).

[109] Wang Y. The impacts of land use change on C turnover in soils. Global Biogeochemical Cycles,1999,13(1).

[110] Wankeun Oh,Kihoon Lee. Causal relationship between energy consumption and GDP revisited: the case of Korea 1970—1999. Energy Economics,2004,26(1).

[111] Watson R T,Verardo D J. Land-use change and forestry. Cambridge: Cambridge University Press,2000.

[112] Wei B R,Yagita H,Inaba A,et al. Urbanization impact on energy demand and CO_2 emission in China. Journal of Chongqing University (Eng. Ed.),2003,2.

[113] West T O,Marland G. A synthesis of carbon sequestration, carbon emissions, and net carbon flux in agriculture: comparing tillage practices in the United States. Agriculture,Ecosystems and Environment,2002,91.

[114] Wiedmann T,Minx J. A definition of carbon footprint. In: Pertsova C C, Ecological Economics Research Trends: Chapter 1, 1 — 11. Nova Science Publishers, Hauppauge NY,USA.

[115] Witt C,Cassman K G,Olk D C,et al . Crop rotation and residue management effects on carbon sequestration,

nitrogen cycling and productivity of irrigated rice systems. Plant Soil,2000,225.

[116] Wu L,Kaneko S,Matsuoka S. Driving factors behind the stagnancy of China's energy related CO_2 emission from 1996 to 1999: the relative importance of structural change,intensity change and scale change. Energy Policy,2005,33(3).

[117] Xing G X,Zhu Z L. Preliminary studies on N_2O emissions flux from upland soils and puddy soils in China. Nutrient Cycling in Agroecosystems,1997,49.

[118] Liu Xuemei. Explaining the relationship between CO_2 emission and national income-the role of energy consumption. Economics Letters,2005,87(3).

[119] Yoichi Kaya. Impact of carbon dioxide emission on GNP growth: interpretation of proposed scenarios. Paris: Presentation to the Energy and Industry Subgroup, Response Strategies Working Group,IPCC,1989.

[120] Yujiro Hayami. Japanese agriculture under siege. MacMillan Press,1988.

[121] Zaim O,Taskin F. Environmental efficiency in carbon dioxide emissions in the OECD: a non-parametric approach. Journal of Environmental Management,2000, 58(2).

[122] Zhang Xingping,Cheng Xiaomei. Energy consumption, carbon emissions and economic growth in China. Ecological Economics,2009,68.

[123] Zhou P,Ang B W,Poh K L. A survey of data envelopment analysis in energy and environmental studies. European Journal of Operational Research,2008,189(1).

[124] Zhou P, Ang B W, Poh K L. Slacks-based efficiency measures for modeling environmental performance. Ecological Economics, 2006, 60(1).

[125] Zofio J L, Prieto A M. Environmental efficiency and regulatory standards: the case of CO_2 emissions from OECD industries. Resources and Energy Economics, 2001, 23(1).

[126] Jefferson Fox, John krummel, Sanay Yarnasarn, 等:《泰国北部的土地利用与景观动态:三个高地流域变化的评价》,《人类环境杂志》,1995 年第 6 期。

[127] Lewis W A:《经济增长理论》,周师铭译,商务印书馆,1983 年。

[128] 白雪爽,胡亚林,曾德慧,等:《半干旱沙区退耕还林对碳储量和分配格局的影响》,《生态学杂志》,2008 年第 10 期。

[129] 摆万奇,柏书琴:《土地利用和覆盖变化在全球变化研究中的地位与作用》,《地域研究与开发》,1999 年第 4 期。

[130] 包森,田立新,王军帅:《中国能源生产与消费趋势预测和碳排放研究》,《自然资源学报》,2010 年第 8 期。

[131] 蔡昉,都阳,王美艳:《经济发展方式转变与节能减排内在动力》,《经济研究》,2008 年第 6 期。

[132] 蔡银莺,张安录:《耕地资源流失与经济发展的关系分析》,《中国人口·资源与环境》,2005 年第 5 期。

[133] 车晓皓:《太湖流域农户环境友好型新技术采用行为研究》,南京农业大学硕士学位论文,2010 年。

[134] 陈从喜,黄贤金,林伯强:《用好管好资源,碱性低碳发展》,《中国国土资源报》,2010 年 4 月 23 日。

[135] 陈刚,金通:《经济发展阶段划分理论研究述评》,《北方经

贸》,2005 年第 4 期。

[136] 陈广生,田汉琴:《土地利用/覆盖变化对陆地生态系统碳循环的影响》,《植物生态学报》,2007 年第 2 期。

[137] 陈江龙:《经济快速增长阶段农地非农化问题研究》,南京农业大学博士学位论文,2003 年。

[138] 陈利根,龙开胜:《耕地资源数量与经济发展关系的计量分析》,《中国土地科学》,2007 年第 4 期。

[139] 陈志刚,王青,黄贤金,等:《长三角城市群重心移动及其驱动因素研究》,《地理科学》,2007 年第 4 期。

[140] 戴景瑞,胡跃高:《农业结构调整与区域布局》,中国农业出版社,2008 年。

[141] 邓南圣,王小兵:《生命周期评价》,化学工业出版社,2003 年。

[142] 董祚继:《低碳概念下的国土规划》,《城市发展研究》,2010 年第 7 期。

[143] 杜婷婷,毛峰,罗瑞:《中国经济增长与 CO_2 排放演化探析》,《中国人口·资源与环境》,2007 年第 2 期。

[144] 段学军,王书国,陈雯:《长江三角洲地区人口分布演化与偏移增长》,《地理科学》,2008 年第 2 期。

[145] 方创琳:《中国人地关系研究的新进展与展望》,《地理学报》,2004 年。

[146] 方精云,郭兆迪,朴世龙,等:《1981—2000 年中国陆地植被碳汇的估算》,《中国科学(D 辑)》,2007 年第 6 期。

[147] 封志明,刘宝勤,杨艳昭:《中国耕地资源数量变化的趋势分析与数据重建:1949—2003》,《自然资源学报》,2005 年第 1 期。

[148] 冯相昭,邹骥:《中国 CO_2 排放趋势的经济分析》,《中国人口·资源与环境》,2008 年第 3 期。

［149］冯之浚,金涌,牛文元:《关于推行低碳经济促进科学发展的若干思考》,《光明日报》,2009 年 4 月 21 日。

［150］冯宗宪,黄建山:《1978—2003 年中国经济重心与产业重心的动态轨迹及其对比研究》,《经济地理》,2006 年第 2 期。

［151］高铁梅:《计量经济分析方法与建模——Eviews 应用及实例(第二版)》,清华大学出版社,2009 年。

［152］高振宇,王益:《我国生产用能源消费变动的分解分析》,《统计研究》,2007 年第 3 期。

［153］高志强,刘纪远,庄大方:《我国耕地面积重心及耕地生态背景质量的动态变化》,《自然资源学报》,1998 年第 1 期。

［154］葛全胜,戴君虎,何凡能:《过去三百年中国土地利用变化与陆地碳收支》,科学出版社,2008 年。

［155］耿海青:《能源基础与城市化发展的相互作用机理分析》,中国科学院地理科学与资源研究所,2004 年。

［156］耿涌,董会娟,郗凤明,等:《应对气候变化的碳足迹研究综述》,《中国人口·资源与环境》,2010 年第 10 期。

［157］官升东:《资本市场与产业结构调整:理论、实践与公共政策》,深圳证券交易所综合研究所,2010 年。

［158］郭运功,汪冬冬,林逢春:《上海市能源利用碳排放足迹研究》,《中国人口·资源与环境》,2010 年第 2 期。

［159］国家发展和改革委员会能源研究所课题组:《中国 2050 年低碳发展之路——能源需求暨碳排放情景分析》,科学出版社,2009 年。

［160］韩玉军,陆旸:《经济增长与环境关系——基于对 CO_2 环境库兹涅茨曲线的实证研究》,中国人民大学经济学院工作论文,2007 年。

［161］韩智勇,魏一鸣,范英:《中国能源强度与经济结构变化特

征研究》,《数理统计与管理》,2004 年第 1 期。

[162] 郝庆菊:《三江平原沼泽土地利用变化对温室气体排放影响研究》,中国科学院研究生院博士学位论文,2005 年。

[163] 何蓓蓓,刘友兆,张健:《中国经济增长与耕地资源非农流失的计量分析——耕地库兹涅茨曲线的检验与修正》,《干旱区资源与环境》,2008 年第 6 期。

[164] 何浩然,张林秀,李强:《农民施肥行为及农业面源污染研究》,《农业技术经济》,2006 年第 6 期。

[165] 何勇:《中国气候、陆地生态系统碳循环研究》,气象出版社,2006 年。

[166] 胡初枝,黄贤金,钟太洋,等:《中国碳排放特征及其动态演进分析》,《中国人口·资源与环境》,2008 年。

[167] 胡立峰,李琳,陈阜,等:《不同耕作制度对南方稻田甲烷排放的影响》,《生态环境》,2006 年第 6 期。

[168] 胡志远,谭丕强,楼狄明,等:《不同原料制备生物柴油生命周期能耗和排放评价》,《农业工程学报》,2006 年第 11 期。

[169] 纪雄辉,郑圣先,刘强,等:《施用有机肥对长江中游地区双季稻田磷素径流损失及水稻产量的影响》,《湖南农业大学学报(自然科学版)》,2006 年第 3 期。

[170] 江长胜:《川中丘陵区农田生态系统主要温室气体排放研究》,中国科学院研究生院博士学位论文,2005 年。

[171] 靳乐山,王金南:《中国农业发展对环境的影响分析》,《中国政策环境(第一卷)》,中国环境科学出版社,2004 年。

[172] 李博:《现代生态学讲座》,科学出版社,1995 年。

[173] 李长生,肖向明,Frolking S,等:《中国农田的温室气体排放》,《第四纪研究》,2003 年第 5 期。

[174] 李飞,董锁成,李泽红:《中国经济增长与环境污染关系的

再检验——基于全国省级数据的面板协整分析》,《自然资源学报》,2009 年第 11 期。

[175] 李娟文,王启仿:《区域经济发展阶段理论与我国区域经济发展阶段现状分析》,《经济地理》,2000 年第 4 期。

[176] 李克让:《土地利用变化和温室气体净排放与陆地生态系统碳循环》,气象出版社,2002 年。

[177] 李璞:《低碳情景下建设用地结构优化研究——以江苏省为例》,南京大学硕士毕业论文,2009 年。

[178] 李晓西,张琦:《新世纪中国经济报告》,人民出版社,2006 年。

[179] 李效顺:《基于耕地资源损失视角的建设用地增量配置研究》,南京农业大学博士学位论文,2010 年。

[180] 李秀彬:《土地利用变化的解释》,《地理科学进展》,2002 年第 3 期。

[181] 李艳梅,张雷:《中国能源消费增长原因分析与节能途径探讨》,《中国人口·资源与环境》,2008 年第 3 期。

[182] 李颖,黄贤金,甄峰:《江苏省不同土地利用方式的碳排放效应分析》,《农业工程学报》,2008 年第 2 期。

[183] 李贞宇:《我国不同生态区小麦、玉米和水稻施肥的生命周期评价》,河北农业大学硕士学位论文,2010。

[184] 梁龙,陈源泉,高旺盛:《两种水稻生产方式的生命周期环境影响评价》,《农业环境科学学报》,2009 年第 9 期。

[185] 梁龙,陈源泉,高旺盛:《我国农业生命周期评价框架探索及其应用——以河北栾城冬小麦为例》,《中国人口·资源与环境》,2009 年第 5 期。

[186] 林伯强,蒋竺均:《中国二氧化碳的环境库兹涅茨曲线预测及影响因素分析》,《管理世界》,2009 年第 4 期。

[187] 林伯强:《电力消费与中国经济增长:基于生产函数的研

究》,《管理世界》,2003 年第 11 期。

[188] 林毅夫:《制度、技术与中国农业发展》,上海人民出版社,1995 年。

[189] 刘红光,刘卫东,唐志鹏:《中国产业能源消费碳排放结构及其减排敏感性分析》,《地理科学进展》,2010 年第 6 期。

[190] 刘红光,刘卫东:《中国工业燃烧能源导致碳排放的因素分解》,《地理科学进展》,2009 年第 2 期。

[191] 刘惠,赵平:《土地利用/覆被变化对土壤温室气体排放通量影响》,《山地学报》,2009 年第 5 期。

[192] 刘纪远,王绍强,陈镜明,等:《1990—2000 年中国土壤碳氮蓄积量与土地利用变化》,《地理学报》,2004 年第 4 期。

[193] 刘纪远,张增祥,徐新良,等:《21 世纪初中国土地利用变化的空间格局与驱动力分析》,《地理学报》,2009 年第 12 期。

[194] 刘平辉,郝晋珉:《土地资源利用与产业发展演化的关系研究》,《江西师范大学学报(自然科学版)》,2006 年第 1 期。

[195] 刘平辉:《基于产业的土地利用分类及其应用研究》,中国农业大学博士学位论文,2003 年。

[196] 卢娜,曲福田,冯淑怡:《我国农田生态系统碳净吸收重心移动及其原因》,《中国人口·资源与环境》,2011 年第 5 期。

[197] 卢娜,曲福田,冯淑怡,等:《基于 STIRPAT 模型的能源消费碳足迹变化及影响因素分析——以江苏省苏锡常地区为例》,《自然资源学报》,2011 年第 5 期。

[198] 鲁春霞,谢高地,肖玉,等:《我国农田生态系统碳蓄积及其变化特征研究》,《中国生态农业学报》,2005 年第 3 期。

[199] 罗怀良:《川中丘陵地区近 55 年来农田生态系统植被碳

储量动态研究——以四川省盐亭县为例》,《自然资源学报》,2009 年第 2 期。

[200] 马艳,严金强,李真:《产业结构和低碳经济的理论与实证分析》,《华南师范大学学报(社会科学版)》,2010 年第 5 期。

[201] 毛玉如,沈鹏,李艳萍:《基于物质流分析的低碳经济发展战略研究》,《现代化工》,2008 年第 11 期。

[202] 孟磊,蔡祖聪,丁维新:《长期施肥对土壤碳储量和作物固定碳的影响》,《土壤学报》,2005 年第 5 期。

[203] 孟磊,丁维新,蔡祖聪,等:《长期定量施肥对土壤有机碳储量和土壤呼吸影响》,《地球科学进展》,2005 年第 6 期。

[204] 倪绍祥:《土地利用/覆被变化研究的几个问题》,《自然资源学报》,2005 年第 6 期。

[205] 聂锐,张涛,王迪:《基于 IPAT 模型的江苏省能源消费与碳排放情景研究》,《自然资源学报》,2010 年第 9 期。

[206] 农业部软科学委员会课题组:《中国农业进入新阶段的特征和政策研究》,《农业经济问题》,2001 年第 1 期。

[207] 潘家华:《怎样发展中国的低碳经济》,《绿叶》,2009 年第 5 期。

[208] 潘志勇,吴文良,刘广栋,等:《不同秸秆还田模式与氮肥施用量对土壤 N_2O 排放的影响》,《土壤肥料》,2004 年第 5 期。

[209] 祁悦,谢高地,盖力强,等:《基于表观消费量法的中国碳足迹估算》,《资源科学》,2010 年第 11 期。

[210] 齐玉春,董云社,章申:《华北平原典型农业区土壤甲烷通量研究》,《农村生态环境》,2002 年第 3 期。

[211] 钱群一,龚克成,徐金益:《无锡实施五大举措　控制使用化肥农药》,《中国农技推广》,2008 年第 11 期。

［212］乔家君,李小建:《近50年来中国经济重心移动路径分析》,《地域研究与开发》,2005年第1期。

［213］秦晓波,李玉娥,刘克樱,等:《不同施肥处理稻田甲烷和氧化亚氮排放特征》,《农业工程学报》,2006年第7期。

［214］曲福田:《资源经济学》,中国农业出版社,2001年。

［215］曲福田,陈江龙,陈会广,等:《经济发展与中国土地非农化》,商务印书馆,2007年。

［216］曲福田,吴丽梅:《经济增长与耕地非农化的库兹涅茨曲线假说及验证》,《资源科学》,2004年第5期。

［217］申笑颜:《中国碳排放影响因素的分析与预测》,《统计与决策》,2010年第19期。

［218］师博:《中国能源强度变动的主导效应分析——一项基于指数分解模型的实证研究》,《山西财经大学学报》,2007年第12期。

［219］史培军,宫鹏,李晓兵,等:《土地利用/土地覆被变化研究的方法与实践》,科学出版社,2000年。

［220］史新峰:《气候变化与低碳经济》,中国水利机电出版社,2010年。

［221］舒帮荣:《基于约束性模糊元胞自动机的城镇用地扩展模拟研究》,南京农业大学博士学位论文,2010年。

［222］宋德勇,卢忠宝:《中国碳排放影响因素分解及其周期性波动研究》,《中国人口·资源与环境》,2009年第3期。

［223］苏成国:《太湖地区稻麦轮作下农田的氨挥发损失与大气氮湿沉降的研究》,南京农业大学硕士学位论文,2004年。

［224］孙希华:《山东省产业重心转移与可持续发展研究》,《地球信息科学》,2001年第4期。

［225］孙赵华:《循环农业 LCA 技术体系研究——以吉林省为

例》,吉林大学博士学位论文,2009 年。

[226] 田慎重:《耕作方式及其转变对麦玉两熟农田土壤 CH$_4$,N$_2$O 排放和固碳能力的影响》,山东农业大学硕士学位论文,2010 年。

[227] 田玉华,尹斌,贺发云,等:《太湖地区稻季的氮素径流损失研究》,《土壤学报》,2007 年第 6 期。

[228] 王爱民,缪磊磊:《地理学人地关系研究的理论评述》,《地理科学进展》,2000 年第 4 期。

[229] 王朝辉,刘学军,巨晓棠,等:《北方冬小麦夏玉米轮作体系土壤氨挥发的原位测定》,《生态学报》,2002 年第 3 期。

[230] 王成已,潘根兴,田有国:《保护性耕作下农田表土有机碳含量变化特征分析——基于中国农业生态系统长期试验资料》,《农业环境科学学报》,2009 年第 12 期。

[231] 王春梅,刘艳红,邵彬,等:《量化退耕还林后土壤碳变化》,《北京林业大学学报》,2007 年第 3 期。

[232] 王锋,吴丽华,杨超:《中国经济发展中碳排放增长的驱动因素研究》,《经济研究》,2010 年第 2 期。

[233] 王俊松,贺灿飞:《能源消费、经济增长与中国 CO$_2$ 排放量变化——基于 LMDI 方法的分解分析》,《长江流域资源与环境》,2010 年第 1 期。

[234] 王梅,刘琼,曲福田:《工业土地利用与行业结构调整研究——基于昆山 1 400 多家工业企业有效问卷的调查》,《中国人口·资源与环境》,2005 年第 2 期。

[235] 王明新,包永红,吴文良,等:《华北平原冬小麦生命周期环境影响评价》,《农业环境科学学报》,2006 年第 5 期。

[236] 王明星,李晶,郑循华,等:《稻田甲烷排放及产生、转化、输送机理》,《大气科学》,1998 年第 4 期。

[237] 王倩倩,黄贤金,陈志刚,等:《我国一次能源消费的人均

碳排放重心移动及原因分析》,《自然资源学报》,2009 年第 5 期。

[238] 王群伟,周鹏,周德群:《我国二氧化碳排放绩效的动态变化、区域差异及影响因素》,《中国工业经济》,2010 年第 1 期。

[239] 王寿兵:《中国复杂工业产品生命周期生态评价》,复旦大学博士学位论文,1999 年。

[240] 王万茂,张颖,王群:《基于经济增长的产业用地结构预测研究》,《中国土地科学》,2005 年第 4 期。

[241] 王雪纯,徐影,毛留喜:《气候变化的科学背景研究》,《中国软科学》,2004 年第 1 期。

[242] 王玉潜:《能源消耗强度变动的因素分析方法及其应用》,《数量经济技术经济研究》,2003 年第 8 期。

[243] 魏楚,沈满洪:《结构调整能否改善能源效率:基于中国省级数据的研究》,《世界经济》,2008 年第 11 期。

[244] 伍芬琳,张海林,李琳,等:《保护性耕作下双季稻农田甲烷排放特征及温室效应》,《中国农业科学》,2008 年第 9 期。

[245] 武红,谷树忠,关兴良,等:《中国化石能源消耗碳排放与经济增长关系研究》,《自然资源学报》,2013 年第 3 期。

[246] 西蒙·库兹涅茨:《各国的经济增长》,常勋,等译,商务印书馆,1985 年。

[247] 谢鸿宇:《基于碳循环的化石能源及电力生态足迹》,《生态学报》,2008 年第 4 期。

[248] 谢鸿宇,陈贤生,林凯荣,等:《基于碳循环的化石能源及电力生态足迹》,《生态学报》,2008 年第 4 期。

[249] 谢品杰:《我国城市化进程中的能源消费效应分析》,华北电力大学博士学位论文,2009 年。

［250］邢璐，邹骥，石磊：《小康社会目标下的居民生活能源需求预测》，《中国人口·资源与环境》，2010年第6期。

［251］熊德国，鲜学福，姜永东：《生态足迹理论在区域可持续发展评价中的应用及改进》，《地理科学进展》，2003年第6期。

［252］徐国泉，刘则渊，姜照华：《中国碳排放的因素分解模型及实证分析：1995—2004》，《中国人口·资源与环境》，2006年第6期。

［253］徐萍：《城市产业机构与土地利用结构优化研究——以南京为例》，南京农业大学硕士学位论文，2004年。

［254］徐玉高，郭元，吴宗鑫：《经济发展，碳排放和经济演化》，《环境科学进展》，1999年第2期。

［255］许冬兰，李琰：《山东省城市化和能源消耗的关系研究》，《中国人口·资源与环境》，2010年第11期。

［256］许峰，沈剑，赖清云：《常州市测土配方施肥技术应用与推广》，《上海农业科技》，2010年第5期。

［257］许广月：《耕地资源与经济的增长关系：基于中国省级面板数据的实证分析》，《中国农村经济》，2009年第10期。

［258］许广月：《中国能源消费、碳排放与经济增长关系的研究》，华中科技大学博士学位论文，2010年。

［259］杨建新：《产品生命周期评价方法及应用》，气象出版社，2002年。

［260］杨景成，韩兴国，黄建辉，等：《土地利用变化对陆地生态系统碳储量影响》，《应用生态学报》，2003年第8期。

［261］杨印生，盛国辉，吕广宏：《我国开展农业LCA研究的对策建议》，《中国软科学》，2003年第5期。

［262］叶浩，濮励杰：《江苏省耕地面积变化与经济增长的协整性与因果关系分析》，《自然资源学报》，2007年第5期。

[263] 游和远,吴次芳:《土地利用的碳排放效率及其低碳优化——基于能源消耗的视角》,《自然资源学报》,2010年第11期。

[264] 岳超,胡雪洋,贺灿飞,等:《1995—2007年我国省区碳排放及碳强度的分析——碳排放与社会发展III》,《北京大学学报(自然科学版)》,2010年第4期。

[265] 张德英:《我国工业部门碳源排碳量估算方法研究》,北京林业大学硕士学位论文,2005年。

[266] 张福锁,马文奇:《测土配方施肥助推粮食增产》,《农民日报》,2009年6月4日。

[267] 张刚:《太湖地区主要类型稻田氮磷面源污染通量的研究》,南京农业大学硕士学位论文,2007年。

[268] 张健:《不同经济发展阶段区域经济发展差异比较》,《中国人口·资源与环境》,2009年第6期。

[269] 张坤民,潘家华,崔大鹏:《低碳经济论》,中国环境科学出版社,2008年。

[270] 张雷:《经济发展对碳排放的影响》,《地理学报》,2003年第4期。

[271] 张雷:《中国一次能源消费的碳排放区域格局变化》,《地理研究》,2006年第1期。

[272] 张维理,冀宏杰,Kolbe H,等:《中国农业面源污染形势估计及控制对策II——欧美国家农业面源污染状况及控制》,《中国农业科学》,2004年第7期。

[273] 张晓平:《20世纪90年代以来中国能源消费的时空格局及其影响因素》,《中国人口·资源与环境》,2005年第2期。

[274] 张晓平:《中国能源消费强度的区域差异及影响因素分析》,《资源科学》,2008年第6期。

［275］张友国:《经济发展方式变化对中国碳排放强度的影响》,《经济研究》,2010 年第 4 期。

［276］赵翠薇,濮励杰,孟爱云,等:《基于经济发展阶段理论的土地利用变化研究——以广西江州区为例》,《自然资源学报》,2006 年第 2 期。

［277］赵荣钦,黄贤金,钟太洋:《中国不同产业空间的碳排放强度与碳足迹分析》,《地理学报》,2010 年第 9 期。

［278］赵荣钦,黄贤金:《基于能源消费的江苏省土地利用碳排放与碳足迹》,《地理研究》,2010。

［279］赵荣钦,刘英,郝仕龙,等:《低碳土地利用模式研究》,《水土保持研究》,2010 年第 5 期。

［280］赵荣钦,秦明周:《中国沿海地区农田生态系统部分碳源/汇时空差异》,《生态与农村环境学报》,2007 年第 2 期。

［281］赵欣,龙如银:《考虑全要素生产率的中国碳排放影响因素分析》,《资源科学》,2010 年第 10 期。

［282］赵志凌,黄贤金,赵荣钦,等:《低碳经济发展战略研究进展》,《生态学报》,2010 年第 16 期。

［283］郑聚锋:《长期不同施肥条件下南方典型水稻土有机碳矿化与 CO_2、CH_4 产生研究》,南京农业大学博士学位论文,2007 年。

［284］政府间气候变化专门委员会:《气候变化 2007 综合报告》. http://www.ipcc.cn/,2010－5－18.

［285］中国环境与发展国际合作委员会,世界自然基金会:《中国生态足迹报告 2010》。http://www.wwfchina.org/wwfpress/publication/shift/2010LPR_cn.pdf.

［286］中国科学院可持续发展战略研究所:《2009 年中国可持续发展战略报告——探索中国特色的低碳道路》,科学出版社,2009 年。

［287］周民良:《中国的区域发展与区域污染》,《管理世界》,
2000 年第 2 期。

［288］朱勤,彭希哲,陆志明,等:《人口与消费对碳排放影响的
分析模型与实证》,《中国人口·资源与环境》,2010 年第
2 期。

［289］朱勤,彭希哲,陆志明,等:《中国能源消费碳排放变化的
因素分解及实证分析》,《资源科学》,2009 年第 12 期。

［290］朱永彬,王铮,庞丽,等:《基于经济模拟的中国能源消费
与碳排放高峰预测》,《地理学报》,2009 年第 8 期。

［291］邹建文:《稻麦轮作生态系统温室气体(CO_2、CH_4 和 N_2O)
排放研究》,南京农业大学博士学位论文,2005 年。

［292］邹平:《金融计量学》,上海财经大学出版社,2005 年。

附　录

附录 1

我国能源消费碳排放量、碳强度及碳足迹变化表

年份	碳排量/ Gt	碳强度/ t·万元$^{-1}$	地均碳强度/ （t/hm^{-2}）	碳足迹/ 万 hm^2	生态盈余/ 万 hm^2
1980 年	0.31	7.82			
1981 年	0.30	7.52			
1982 年	0.32	7.89			
1983 年	0.34	8.31			
1984 年	0.36	8.54			
1985 年	0.28	5.99			
1986 年	0.27	5.61			
1987 年	0.29	5.62			
1988 年	0.31	5.31			
1989 年	0.31	4.92			
1990 年	0.30	4.54			
1991 年	0.48	6.72			
1992 年	0.49	6.34			
1993 年	0.51	5.81			
1994 年	0.53	4.95			
1995 年	0.57	4.72			
1996 年	0.60	4.67			

年份	碳排量/ Gt	碳强度/ t・万元$^{-1}$	地均碳强度/ (t/hm^{-2})	碳足迹/ 万 hm²	生态盈余/ 万 hm²
1997 年	0.58	4.44			
1998 年	0.56	4.30			
1999 年	0.53	4.18		23 508.09	25 758.60
2000 年	0.52	3.97		22 746.67	26 509.14
2001 年	0.52	3.88		22 692.92	26 610.74
2002 年	0.54	4.01	0.78	23 512.07	25 913.67
2003 年	0.60	4.36	0.87	26 156.33	23 706.02
2004 年	0.72	4.89	1.04	31 314.77	18 614.94
2005 年	0.80	5.25	1.16	34 826.55	15 116.36
2006 年	0.86	5.43	1.24	37 284.87	12 673.94
2007 年	0.92	5.40	1.33	39 814.42	10 138.22
2008 年	1.04	5.73	1.51	45 376.35	4 570.77

注：(1) 由于缺失 1999 年之前的土地数据,故能源消费碳足迹未予核算;(2) 在核算地均碳强度时,土地面积未考虑未利用地,因为核算能源消费行业时未与未利用地相对应。

附录 2

各省市土地利用碳排放表

省份	农用地及水利设施用地		居民点及工矿用地		交通用地	
	碳排放量/万 t	地均碳强度/($t \cdot hm^{-2}$)	碳排放量/万 t	地均碳强度/($t \cdot hm^{-2}$)	碳排放量/万 t	地均碳强度/($t \cdot hm^{-2}$)
北京	36.33	0.32	1 775.09	66.48	297.74	102.55
天津	25.36	0.33	1 353.16	51.94	186.23	103.17
河北	49.98	0.04	7 979.10	52.89	273.55	24.30
山西	148.30	0.15	4 685.50	62.11	218.92	36.44
内蒙古	117.68	0.01	3 035.12	25.19	315.06	20.69
辽宁	114.47	0.10	4 397.42	38.75	579.71	65.90
吉林	87.15	0.05	2 209.18	26.51	154.01	23.76
黑龙江	152.35	0.04	2 835.01	24.69	237.22	20.44
上海	44.19	1.17	2 197.35	101.17	792.46	423.55
江苏	138.65	0.20	4 679.64	30.50	493.70	42.34
浙江	169.48	0.19	2 635.80	35.93	423.37	53.97
安徽	72.17	0.06	2 709.22	20.75	171.66	18.27
福建	100.28	0.09	1 789.44	37.82	226.76	32.20
江西	146.58	0.10	2 240.17	34.90	133.39	19.70
山东	262.58	0.22	6 995.76	34.54	760.66	47.61
河南	117.72	0.09	4 927.14	26.50	273.51	23.32
湖北	152.83	0.10	3 606.70	36.51	528.59	62.50
湖南	170.73	0.09	3 216.97	30.16	349.61	37.69
广东	124.97	0.08	4 231.44	30.24	961.04	83.60
广西	24.81	0.01	1 675.27	24.46	262.30	32.24
海南	24.05	0.08	248.70	11.32	90.49	66.50
重庆	143.79	0.21	1 413.59	29.91	176.49	39.45

省份	农用地及水利设施用地		居民点及工矿用地		交通用地	
	碳排放量/万 t	地均碳强度/(t·hm⁻²)	碳排放量/万 t	地均碳强度/(t·hm⁻²)	碳排放量/万 t	地均碳强度/(t·hm⁻²)
四川	89.49	0.02	3 229.56	24.15	338.73	26.01
贵州	148.75	0.10	2 308.35	51.70	135.35	23.85
云南	103.87	0.03	2 129.67	35.18	272.02	28.65
陕西	30.64	0.02	1 769.18	25.30	218.13	34.69
甘肃	40.87	0.02	1 252.23	14.30	137.05	21.64
青海	5.02	0.00	408.60	16.70	25.57	8.58
宁夏	5.86	0.01	837.82	47.32	61.30	35.24
新疆	111.37	0.02	1 625.71	16.64	209.08	34.59
平均值	98.68	0.13	2 813.26	35.49	310.12	53.12

附录 3

各省市主要土地利用类型能源消耗碳足迹

省份	年份	生态用地碳吸收与碳排放差值[a] 万 t	农用地、水利设施用地碳足迹 万 hm²	%	居民点及工矿[c]用地碳足迹 万 hm²	%	交通用地碳足迹 万 hm²	%	总碳足迹 万 hm²	生态赤字（盈余）[b] 万 hm²
北京	2000 年	−1 353.14	9.33	2.18	380.00	88.88	38.20	8.94	427.53	363.45
	2008 年	−2 006.24	10.10	1.67	477.54	78.83	118.16	19.51	605.79	536.88
	平均值[c]	−1 760.76	9.68	1.79	459.56	85.09	70.86	13.12	540.10	471.94
天津	2000 年	−1 161.86	6.06	1.92	272.84	86.39	36.91	11.69	315.81	312.35
	2008 年	−2 051.96	7.39	1.33	488.98	88.14	58.41	10.53	554.78	551.11
	平均值	−1 463.72	6.97	1.76	341.83	86.10	48.21	12.14	397.01	393.39
山西	2000 年	−1 198.54	68.01	8.41	703.96	87.04	36.83	4.55	808.80	362.20
	2008 年	−4 046.71	55.77	3.37	1 444.68	87.17	156.91	9.47	1 657.35	1 149.59
	平均值	−2 807.64	57.83	4.51	1 154.15	89.91	71.68	5.58	1 283.66	796.88

续表

省份	年份	生态用地碳吸收与碳排放差值[a] 万t	农用地、水利设施用地碳足迹 万hm²	%	居民点及工矿用地碳足迹 万hm²	%	交通用地碳足迹 万hm²	%	总碳足迹 万hm²	生态赤字(盈余)[b] 万hm²
内蒙古	2000年	31 503.65	59.53	11.44	389.45	74.86	71.27	13.70	520.25	-8 170.87
	2008年	28 454.69	138.49	8.03	1 108.70	64.32	476.41	27.64	1 723.61	-7 021.55
	平均值	30 198.81	93.36	8.97	720.67	69.26	226.57	21.77	1 040.60	-7 691.10
河北	2000年	-2 638.99	24.08	1.99	1 140.89	94.21	46.08	3.80	1 211.05	738.51
	2008年	-8 973.17	24.40	0.82	2 811.80	94.16	150.06	5.03	2 986.26	2 464.19
	平均值	-5 546.14	20.22	0.99	1 921.79	94.48	92.05	4.53	2 034.06	1 528.73
山东	2000年	-2 927.89	73.20	7.88	823.77	88.63	32.47	3.49	929.44	794.04
	2008年	-11 048.24	48.66	1.56	2 727.76	87.48	341.64	10.96	3 118.06	2 978.98
	平均值	-6 526.90	75.67	3.98	1 650.29	86.82	174.89	9.20	1 900.85	1 763.26
河南	2000年	-1 802.34	22.87	2.96	714.56	92.53	34.81	4.51	772.24	487.63
	2008年	-6 073.93	39.20	2.03	1 789.77	92.55	104.89	5.42	1 933.87	1 630.57
	平均值	-3 653.62	29.45	2.30	1 186.92	92.67	64.44	5.03	1 280.81	983.06

续表

省份	年份	生态用地碳吸收与碳排放差值[a] 万 t	农用地、水利设施用地碳足迹 万 hm²	%	居民点及工矿用地碳足迹 万 hm²	%	交通用地碳足迹 万 hm²	%	总碳足迹 万 hm²	生态赤字（盈余）[b] 万 hm²
福建	2000 年	2 128.52	7.15	2.55	243.54	86.76	30.02	10.69	280.70	−554.04
	2008 年	260.88	29.71	3.83	652.80	84.22	92.56	11.94	775.07	−55.90
	平均值	1 296.07	22.11	4.41	425.65	84.98	53.09	10.60	500.86	−332.02
安徽	2000 年	−1 207.61	16.68	2.48	644.78	95.99	10.27	1.53	671.74	330.20
	2008 年	−1 986.00	24.01	2.66	813.04	90.21	64.22	7.13	901.28	538.87
	平均值	−1 512.41	18.98	2.47	708.67	92.25	40.56	5.28	768.20	412.13
江西	2000 年	−124.57	38.13	7.96	421.56	87.99	19.38	4.05	479.08	−544.36
	2008 年	−2 469.41	22.30	3.06	646.84	88.62	60.79	8.33	729.93	−301.81
	平均值	−990.09	38.79	6.02	574.05	89.02	32.04	4.97	644.88	−384.08
湖北	2000 年	2 919.02	24.84	3.02	739.31	89.81	59.02	7.17	823.17	48.58
	2008 年	−503.94	50.95	3.46	1223.26	83.00	199.61	13.54	1 473.81	675.69
	平均值	1 260.39	38.18	3.56	909.00	84.85	124.12	11.59	1 071.30	280.18

省份	年份	生态用地碳吸收与碳排放差值[a] 万t	农用地、水利设施用地碳足迹 万hm²	%	居民点及工矿用地碳足迹 万hm²	%	交通用地碳足迹 万hm²	%	总碳足迹 万hm²	生态赤字(盈余)[b] 万hm²
湖南	2000年	100.39	35.52	8.31	347.05	81.22	44.72	10.47	427.30	−757.50
	2008年	−3 385.25	54.03	3.97	1216.36	89.44	89.61	6.59	1 360.00	159.14
	平均值	−1 031.57	43.44	4.92	755.65	85.66	83.10	9.42	882.19	−313.17
广东	2000年	3 527.03	36.69	3.61	637.75	62.74	342.01	33.65	1 016.45	−11.16
	2008年	2 084.94	31.29	1.62	1 563.64	80.73	342.02	17.66	1 936.95	921.45
	平均值	2 898.12	34.29	2.61	1 026.34	78.16	252.54	19.23	1 313.16	292.69
广西	2000年	7 500.87	3.38	1.09	267.62	86.04	40.02	12.87	311.03	−913.71
	2008年	6 804.13	7.89	1.11	598.28	83.93	106.62	14.96	712.79	−518.78
	平均值	6 618.48	6.82	1.39	409.31	83.71	72.85	14.90	488.98	−740.80
黑龙江	2000年	2 406.69	52.13	9.03	437.28	75.74	87.94	15.23	577.34	−1 930.05
	2008年	821.45	44.20	5.80	631.37	82.79	87.02	11.41	762.60	−1 746.47
	平均值	1 678.75	51.36	6.32	683.90	84.18	77.13	9.49	812.39	−1 696.92

续表

省份	年份	生态用地碳吸收与碳排放差值 [a] 万 t	农用地、水利设施用地碳足迹 万 hm²	%	居民点及工矿用地碳足迹 万 hm²	%	交通用地碳足迹 万 hm²	%	总碳足迹 万 hm²	生态赤字(盈余) [b] 万 hm²
吉林	2000 年	−1 512.85	18.79	4.55	362.40	87.83	31.44	7.62	412.63	−612.93
	2008 年	−4 379.98	20.40	2.39	740.77	86.76	92.67	10.85	853.85	−174.99
	平均值	−2 496.24	27.57	4.48	539.87	87.74	47.84	7.78	615.28	−412.64
辽宁	2000 年	−3 820.15	23.45	2.27	925.15	89.62	83.73	8.11	1 032.34	431.83
	2008 年	−7 221.00	44.33	2.43	1 537.35	84.16	244.96	13.41	1 826.64	1 221.93
	平均值	−4 773.73	32.73	2.50	1 115.05	85.15	161.79	12.35	1 309.57	705.94
江苏	2000 年	162.33	62.35	5.76	905.14	83.56	115.70	10.68	1 083.19	1 049.59
	2008 年	−1 897.83	41.65	2.12	1 746.13	88.93	175.60	8.94	1 963.38	1 930.95
	平均值	−821.34	39.75	3.02	1 151.77	87.50	124.79	9.48	1 316.31	1 283.36
浙江	2000 年	−2 158.69	36.38	6.98	427.28	81.99	57.48	11.03	521.14	−34.38
	2008 年	−3 737.58	45.81	4.25	881.45	81.77	150.71	13.98	1 077.97	515.05
	平均值	−2 841.39	42.83	5.44	644.46	81.82	100.38	12.74	787.67	227.97

续表

省份	年份	生态用地碳吸收与碳排放差值[a] 万t	农用地、水利设施用地碳足迹 万hm²	%	居民点及工矿用地碳足迹 万hm²	%	交通用地碳足迹 万hm²	%	总碳足迹 万hm²	生态赤字(盈余)[b] 万hm²
上海	2000年	−572.17	11.88	2.06	477.02	82.76	87.47	15.18	576.37	575.75
	2008年	−1 318.97	7.31	0.73	703.63	70.53	286.70	28.74	997.64	995.28
	平均值	−408.88	12.00	1.58	563.45	74.30	182.92	24.12	758.37	756.77
重庆	2000年	10 324.14	37.22	7.59	431.25	87.92	22.05	4.50	490.52	169.27
	2008年	7 542.26	52.92	7.21	593.05	80.78	88.20	12.01	734.18	381.34
	平均值	9 319.44	43.72	9.27	379.66	80.48	48.39	10.26	471.77	130.45
四川	2000年	7 423.82	24.08	3.62	540.96	81.40	99.51	14.97	664.54	−2 630.83
	2008年	5 472.90	79.89	5.01	1 211.23	75.99	302.90	19.00	1 594.02	−1 744.85
	平均值	6 467.11	46.47	4.57	792.01	77.87	178.68	17.57	1 017.15	−2 306.38
云南	2000年	1 748.35	17.98	5.57	279.33	86.48	25.71	7.96	323.01	−1 939.22
	2008年	888.28	37.34	4.23	736.81	83.41	109.22	12.36	883.37	−1 408.87
	平均值	1 182.35	27.07	4.49	506.46	84.06	69.00	11.45	602.52	−1 678.90

续表

省份	年份	生态用地碳吸收与碳排放差值[a]	农用地、水利设施用地碳足迹		居民点及工矿用地碳足迹		交通用地碳足迹		总碳足迹	生态赤字(盈余)[b]
		万t	万hm²	%	万hm²	%	万hm²	%	万hm²	万hm²
贵州	2000年	3 892.51	58.87	11.54	421.56	82.60	29.92	5.86	510.35	−419.55
	2008年	2 313.08	33.58	4.35	646.84	83.80	91.51	11.85	771.93	−178.73
	平均值	3 227.31	58.90	8.64	574.05	84.24	48.50	7.12	681.46	−262.75
陕西	2000年	5 535.43	7.66	2.73	240.74	85.91	31.82	11.36	280.22	−1 000.26
	2008年	5 588.52	20.64	2.52	641.43	78.26	157.55	19.22	819.62	−522.23
	平均值	5 751.98	12.25	2.34	427.55	81.74	83.26	15.92	523.06	−799.52
甘肃	2000年	16 032.38	29.13	7.32	253.06	63.57	115.90	29.11	398.10	−1 348.39
	2008年	15 711.83	38.91	6.66	418.45	71.67	126.51	21.67	583.87	−1 345.14
	平均值	15 959.50	33.24	7.12	315.89	67.70	117.49	25.18	466.62	−1 400.09
青海	2000年	380.35	4.70	5.32	67.69	76.62	15.95	18.06	88.34	−4 191.85
	2008年	115.40	7.87	3.51	164.60	73.51	51.43	22.97	223.90	−4 077.32
	平均值	249.49	4.95	3.87	99.28	77.69	23.56	18.44	127.79	−4 166.32

续表

省份	年份	生态用地碳吸收与碳排放差值[a]	农用地、水利设施用地碳足迹		居民点及工矿用地碳足迹		交通用地碳足迹		总碳足迹	生态赤字(盈余)[b]
		万 t	万 hm²	%	万 hm²	%	万 hm²	%	万 hm²	万 hm²
海南	2000 年	20 739.05	4.76	10.06	28.64	60.55	13.89	29.37	47.30	−98.57
	2008 年	19 540.52	9.21	7.49	76.23	62.02	37.47	30.49	122.91	−27.08
	平均值	20 259.57	6.11	7.13	57.46	67.09	22.07	25.77	85.64	−63.33
新疆	2000 年	20 739.05	104.03	20.70	298.79	59.44	99.83	19.86	502.65	−5 289.80
	2008 年	19 540.52	113.42	11.99	565.64	59.81	266.73	28.20	945.78	−4 842.08
	平均值	20 259.57	105.96	15.30	404.00	58.35	182.43	26.35	692.39	−5 100.56

注：(1) 由于宁夏土地数据缺失，故未考虑。(2) a：指的是该省某年所拥有的林地、草地面积所吸收的碳量与该年能源消耗所排放的碳量之差值。正值表示该省生产性用地能够吸收能源消耗所需要的碳排放量；负值表示该省面临较大环境生态压力。(3) b：指的是吸纳能源消耗产生的碳排放与实际生产性土地面积所产生的差值。正值表示生态赤字，环境压力大；负值则表示生态盈余，生产性土地尚能吸纳所产生的碳排放量。(4) c：各省平均值指的是 2000—2008 年平均值。

附录 4

我国主要农作物经济系数 H 和碳吸收率 C_f

作物	经济系数 H	碳吸收率 C_f	作物	经济系数 H	碳吸收率 C_f
稻谷	0.45	0.41	油菜	0.25	0.45
小麦	0.40	0.49	花生	0.43	0.45
玉米	0.40	0.47	甘蔗	0.50	0.45
薯类	0.70	0.42	甜菜	0.70	0.41
豆类	0.35	0.45	烟叶	0.55	0.45
棉花	0.10	0.45			

后 记

　　本书是在我的博士学位论文基础上修改而成的,因此可以作为我在南京农业大学学习和生活经历的一个小结。回首求学路,感触颇多,有辛酸,有快乐,有充实,有落寞,但是更多的则是无限的感激之情。

　　首先感谢恩师曲福田教授。学业上,我的毕业论文倾注了导师的大量心血,从确定论文选题到收集论文所需资料,从构建论文研究框架到论文的撰写,无不凝聚着恩师的智慧和心血。生活上,自身身体遭遇的一点"不测"得到了曲老师莫大的关怀和支持,帮助自己顺利度过了低谷期。工作上,曲老师严谨的治学态度、豁达幽默的处世风格和宽厚待人的风范使学生受益匪浅,并成为今后学习的榜样。另外,还要特别感谢冯淑怡教授。冯老师在论文提纲形成和写作过程中提出许多中肯的建议,并且凭着一丝不苟的治学态度和对论文细节的把握帮助我完成了论文,在此表示诚挚的谢意。

　　在南农三年,有幸聆听众多土地管理学科学术大家的教诲,为论文写作打下了坚实的基础。感谢沈守愚、王万茂、叶依广、欧名豪、吴群、陈利根、石晓平、刘友兆、郭忠兴、诸培新等教授在学业上的指导。同时还要感谢公共管理学院欧维新、姜海、马贤磊、符海月、石志宽等副教授及卢宏元、蔡薇、聂小艳等老师在学习和生活上给予的无私帮助。另外,我的师兄(姐)、师弟(妹)也都给予了很多帮助,特别是:陈江龙、李明艳、梁流涛、刘涛、沈发云、李效顺、夏莲、罗小娟、潘丹、刘子铭、孙小祥。特别感谢马

230

力、邵雪兰、邵黎明在数据整理和处理方面给予的鼎力协助。

论文的写作得到了国家社科基金重大项目（11&ZD155）、中央高校基本科研业务费项目（KYZ201167）的支持，在此一并表示感谢。

多年来，家人的殷切期望和无私关怀是我学习和生活的坚强后盾。他们用最朴实的感情和最实际的行动给予的支持和鼓励就是我不断前行的动力。

感谢在学术交流过程中给我提出建设性修改建议的老师们；感谢在论文评阅、书稿外审等过程中提出宝贵修改意见的所有专家。

当然，在这些年的学习和生活过程中给予自己帮助的老师、同学和亲友远不止上面提到的这些。在此对所有关心和帮助过我的人致以最诚挚的谢意！

卢　娜

2014 年 9 月